大道を行く数学 中等編

徹底演習による解法体得から創作へ

栗田 稔 著

現代数学社

本書は 1972 年 10 月に小社から出版した
『高校＋αの数学／Ｐ君とＴ先生の対話　数学の演習教室_1』
を書名変更・リメイクし、再出版するものです。

はしがき

　数学の学習において，いろいろな問題を解いてみることの必要なことはいうまでもない．これによって，すでに学んだ知識や習得した技能が磨かれるのであり，解法の発見はものごとの真相を見抜いていくという貴重な体験を味わさせてくれるものである．この本は高等学校の教科書やふつうの参考書について一通りのことを学んだ諸君が，さらに進んで問題の研究を行なっていこうとするときに役立つように作られたものである．

　問題の解法練習に当っては，ある程度の基本的な問題を反復練習し，その解決方法を身につけることがたいせつである．その上は，いたずらに数多くの問題を次から次へと解いていくのではなく，限られたいくつかの問題について，ゆとりのある態度で徹底的に研究していくことが望ましい．この本では，こうした立場から，精選された興味深いいくつかの問題を取上げ，その問題の意義，解法の深い研究，解法の反省から進んでは新しい問題の創作へと及んでいる．このような学習によって，数学のほんとうの面白さがわかり，数学の学習が興味深いものとなって，真の学力がついていくものなのである．

　本書の出版に当っては，終始，現代数学社のかたがたの御世話になった．深い謝意を表する次第である．

昭和 47 年 9 月

栗田　稔

　本書は高等学校＋αの数学を意識して書かれています．現代の高校生・指導者の方々へ，大学数学へと進む上で決して読んで損はしないテーマを集めた良書復刻版です．ぜひお役立ていただければ幸いです．

現代数学社編集部

目　次
||||||||||||||||||||||||||||||||||||||||||||||||||||||||||||||||||||||||||||||||||||||||||||||||||||||

目　次

7．2 次以上の関数 ………………………………………………… 116
　　関数値から関数をきめること ……………………………… 116
　　関数のグラフ ………………………………………………… 119
　　定積分 ………………………………………………………… 124

8．分数関数 ………………………………………………………… 130
　　1 次分数関数 ………………………………………………… 130
　　2 次分数関数 ………………………………………………… 133
　　変換としての分数関数 ……………………………………… 139

9．面積と体積 ……………………………………………………… 144
　　体積 …………………………………………………………… 152

10．指数関数と対数関数 …………………………………………… 163
　　指数法則をめぐって ………………………………………… 163
　　指数関数の変化率 …………………………………………… 167
　　双曲線関数 …………………………………………………… 178

11．三角関数 ………………………………………………………… 183
　　三角関数の和 ………………………………………………… 190
　　関数 $e^{-ax} \sin bx$ …………………………………………… 196
　　e^{ix} について ……………………………………………… 199

12．　不等式 ………………………………………………………… 204

練習問題の答とヒント …………………………………………… 229

は じ め に

　これからここに展開されるのは，精選されたいくつかの問題についての徹底的な研究である．ここでは，まず

　　　　　その問題のもっている意義を明らかにする

ことからはじまる．これによって，問題意識が明確になり，考えてやろうという意欲も湧いてくるものなのである．
　次に問題の解決に当っては，

　　　　　　解法がどのようにして発見されるか

ということが重要である．それには，

　　　　　与えられたもの　　　　求めようとするもの

を明らかにし，その間の関係を見出していくわけであるが，その場合の頭の働きは複雑多岐であって，これを単純に示すことは多くの場合困難である．しかしこの点についてもでき得る限り述べてある．また，

　　　　　　　　解法の根拠となること

については，そこに使われる知識とならんで，

　　　　　　　　基本的な考え方

というものがたいせつで，この点については，ていねいに述べていく．
　解法が得られた後にも，その解法の反省は多くの収穫をもたらすもので，これによって，

　　　　　無駄を省いて解法をさらに簡潔にする
　　　　　ちがった解法（別解）を見つける

ことができることもあるし，またさらに，

類題を考える 　　　新しい問題を見つける

というように，問題の発展，新問題の創作へと進むことにもなる．

　ここでは，話の進め方としては，まず問題の提起があり，これについて，生徒のP君が考えていくという形をとっている．P君は，T先生に質問を投げかけ，いろいろと指導して頂いて先へ進んでいくのであるが，P君は大変頭の回転が早くて，時によってはT先生の分身ではないかと見られることもある．読者諸君は，提起された問題について直ちに解説を読むのでなく，出来ても出来なくてもよいから，一応解法を試みて頂くとよい．それによって解説も一層よくわかるであろう．

　本書は全体が12の章に分かれているが，各章の標題の下で，基本事項がすべて取上げられているわけでなく，この範囲からの話題であることを示しているにすぎない．内容については，

数学の基本的な考え方が端的に表われるもの

に重点をおき，

現代数学の見地を教育的に取り上げる

ことにも意を注いでいる．

　なお，数学教育の現代化に伴なって現在大きく扱われている

数の系統 　　集合の構造 　　ベクトル 　　行列

については，随所に触れてはいるが，系統的な扱いはしていない．また，

最大最小の諸問題 　　　無限級数

微積分の基礎 　　　　解析幾何

といったものもあまり扱っていない．これらについては，他日改めて詳しく述べたいと思っている．

1
「または」と「および」

数学が多くの人に対して説得性をもつのは，それが論理的に述べられているからである．しかし，数学の魅力は，単なる論理性にあるのでなく，いろいろな興味ある事実が美しく論理的に結びついていることにある.

　数学では，考えを進めていくとき，論理的に正しいということが基本になる．その場合，1つ1つのことがら（命題）を結びつける言葉として，「または」，「および（かつ）」，「…でない」，「…ならば…」といったものがあって，これらが要（かなめ）である．ここでは「または」と「および」が端的に現われる数式の問題を扱ってみよう．

　2つの数 a, b について，
$$ab=0 \text{ ならば，} a=0 \text{ または } b=0$$
ということは基本的である．その逆はもちろん成り立つので，
$$ab=0 \Longleftrightarrow a=0 \text{ または } b=0$$
といえる．これはまた，
　　a, b の少くとも一方が0であるための必要十分条件は，
　　$ab=0$ である
といってもよい．
　次に，a, b の両方とも 0，つまり「$a=0$ かつ $b=0$」ということを1つの式で表わすことを考えてみよう．このときは，
　　a, b が実数のときは，

$$a^2+b^2=0 \rightleftarrows a=0 \text{ かつ } b=0$$

といえる.

T これを証明してごらんなさい.

P ⟵ の方は明らかですから ⟶ をやります. まず, a,b が実数ですから,
$$a^2 \geqq 0, \quad b^2 \geqq 0 \quad \text{したがって} \quad a^2+b^2 \geqq 0$$
ここで $a^2+b^2=0$ となるのは, $a^2=0$ かつ $b^2=0$ のときに限りますから, 結局 $a=0, b=0$ となります.

T それで結構ですが, この内容を次のように背理法でいえば, 一層明快です.
「$a=0$ かつ $b=0$」でないとすると, $a \neq 0$ または $b \neq 0$
したがって, $a^2>0$ または $b^2>0$
$a^2>0$ とすると $b^2 \geqq 0$ によって $a^2+b^2>0$
$b^2>0$ とすると $a^2 \geqq 0$ によって $a^2+b^2>0$
いずれにしても $a^2+b^2 \neq 0$ となって, 仮定 $a^2+b^2=0$ に矛盾する.

次に, 3つの数 a,b,c について同じことを考えると,
$$abc=0 \rightleftarrows a,b,c \text{ の少くとも1つが0}$$
また, a,b,c が実数のとき,
$$a^2+b^2+c^2=0 \rightleftarrows a,b,c \text{ がすべて0}$$
ところが, 3つの数については, 「少くとも1つが0」,「すべて0」の他に, 「少くとも2つが0」ということがある. そこで, この場合を問題にしてみよう.

～～ 問 1.
a,b,c が実数のとき, そのうち少くとも2つが0であるための条件を1つの等式で表わせ.

P そう難しそうでもありませんからやってみます. まず, 少くとも2つが0というのは,
$$a=b=0 \quad \text{または} \quad a=c=0 \quad \text{または} \quad b=c=0$$
これらはそれぞれ
$$a^2+b^2=0, \quad a^2+c^2=0, \quad b^2+c^2=0$$
と同値ですから, そのどれかが成り立つための条件として,
$$(a^2+b^2)(a^2+c^2)(b^2+c^2)=0 \tag{1}$$

T そうです. それで一応できました.

P 「一応」というのが気になります。途中すべて必要十分条件で考えてきましたから，答もそうなっているはずですが。

T そういう意味ではありません。あなたの解答は立派ですが，実はこの問題では，答はいろいろに書けるので，それで一応といったのです。

P ほかにどんな答があるのですか。

T たとえば，

$$a^2b^2+a^2c^2+b^2c^2=0 \qquad\qquad (2)$$

というのがあります。もっとも，ちょっと気がつかないかもしれませんが証明してごらんなさい。

P $a=b=0$ ですと，たしかに（2）は成り立ちます。$a=c=0$，$b=c=0$ のときも同じですから，

$$a,b,c \text{ の少なくとも2つが } 0 \;\rightarrow\; a^2b^2+a^2c^2+b^2c^2=0$$

次に，逆 $\leftarrow$ をやります。まず（2）から，

$$ab=0, \qquad ac=0, \qquad bc=0$$

がすべて成り立つわけです。これらは，

$$(a=0 \text{ または } b=0) \quad (a=0 \text{ または } c=0) \quad (b=0 \text{ または } c=0)$$

となります。さあ，ちょっと厄介になりました。こういうときは，あらゆる場合をしらべればよいのではありませんか。

$$
\begin{array}{ccc}
a=0 & a=0 & b=0 \\
b=0 & c=0 & c=0
\end{array}
$$

のように考えると，8つの場合

$$
\begin{cases} a=0 \\ a=0 \\ b=0 \end{cases}
\begin{cases} a=0 \\ a=0 \\ c=0 \end{cases}
\begin{cases} a=0 \\ c=0 \\ b=0 \end{cases}
\begin{cases} a=0 \\ c=0 \\ c=0 \end{cases}
\begin{cases} b=0 \\ a=0 \\ b=0 \end{cases}
\begin{cases} b=0 \\ a=0 \\ c=0 \end{cases}
\begin{cases} b=0 \\ c=0 \\ b=0 \end{cases}
\begin{cases} b=0 \\ c=0 \\ c=0 \end{cases}
$$

が出てきて，

$$a=b=0 \text{ または } a=c=0 \text{ または } b=c=0$$

となります。$a=b=c=0$ の場合も出てきますが，上の場合にふくまれます。

T それで結構ですが，次のようにやると，もっと簡潔です。まず，

$$ab=0 \text{ かつ } ac=0 \text{ かつ } bc=0$$

ですが，

$$a\neq 0 \text{ とすると，} ab=0, ac=0 \text{ から，} b=0, c=0$$
$$a=0 \text{ とすると，} bc=0 \text{ から，} b=0 \text{ または } c=0$$

これで，a,b,c のうち2つが0となる。

P さすが先生ですね。

T おだててはいけません.

P ところで,前から気になっていたことですが,$ab=0$ の方は a,b について実数という条件がありませんが,$a^2+b^2=0$ の方はそれが入ります.ちょっと不自然な気がしますが.

T それは止むを得ないことです.しかし,複素数でしたら,絶対値を考えて,

$$|a|+|b|=0 \iff a=0,\ b=0$$

といえばよいでしょう.

P $|a|^2+|b|^2=0$ でもよいのではありませんか.

T その通りです.実数でしたら $a^4+b^4=0$ などでもよかったのです.したがって問1の答は,もっといろいろの表わし方があるわけです.

[練習問題]

1. 4つの実数 a,b,c,d について,次の各条件を,それぞれ1つの等式で表わせ.

　(1) 少くとも1つが0　　　(2) 少くとも2つが0

　(3) 少くとも3つが0　　　(4) すべて0

2. a,b が実数で $a^2-ab+b^2=0$ のとき,$a=b=0$ であることを証明せよ.

3. a,b,c が実数で,次の各式の成り立つとき,これを簡単な条件に直せ.

　(1) $a^2+b^2+c^2-ab-ac-bc=0$

　(2) $a^2+b^2+c^2+ab+ac+bc=0$

次に,不等式について考えてみよう.

まず,不等式 $\geqq$ の意味は次のようである.

$$a\geqq b \iff a>b \quad \text{または} \quad a=b$$

したがって,

$$3\geqq 2, \qquad 2\geqq 2$$

などは正しいのである.

P ちょっと待って下さい.3=2 ということはないわけですから,3>2 と書くべきではありませんか.

T いや,ここでは $3\geqq 2$,つまり「3>2 または 3=2」ということは正しいといっているのです.あなたのように,よくできる人でもこうした思いちがいをするというのが,「または」という言葉の難しさでしょう.これは,論理的なところでの話で,日常にはこうした「または」の使い方はしませんからね.要するに,「…は…である」という命題が p,q と2つあって,

　　p, q の少くとも一方が正しいときは，

　　「p または q」ということは正しい

のです．そこで，次の問題を考えて下さい．

問 2.

　a, b が正数のとき，$a+b, \dfrac{1}{a}+\dfrac{1}{b}$ の少くとも一方は 2 より小さくない．これを証明せよ．

P　2 つの正数についての不等式

$$a+b \geqq 2\sqrt{ab} \tag{1}$$

はよく知っています．a, b の代わりにそれぞれ $\dfrac{1}{a}, \dfrac{1}{b}$ を考えますと，

$$\frac{1}{a}+\frac{1}{b} \geqq 2\sqrt{\frac{1}{a}\frac{1}{b}} = 2\frac{1}{\sqrt{ab}} \tag{2}$$

(1) (2) を掛けると，　　　$(a+b)\left(\dfrac{1}{a}+\dfrac{1}{b}\right) \geqq 4$

これでできます．きちんとやってみます．

解 1.　a, b は正数だから，

$$a+b \geqq 2\sqrt{ab}, \qquad \frac{1}{a}+\frac{1}{b} \geqq 2\sqrt{\frac{1}{a}\frac{1}{b}}$$

　これを掛けて，　　　$(a+b)\left(\dfrac{1}{a}+\dfrac{1}{b}\right) \geqq 4 \qquad (1)$

　したがって，　　　$a+b \geqq 2$　または　$\dfrac{1}{a}+\dfrac{1}{b} \geqq 2$

　となる．それは，これが成り立たないとすると，

$$0 < a+b < 2 \quad \text{かつ} \quad 0 < \frac{1}{a}+\frac{1}{b} < 2$$

　となって，　　　$(a+b)\left(\dfrac{1}{a}+\dfrac{1}{b}\right) < 4$

　これは (1) に反するからである．

T　大変結構です．ところが次のような解も考えられます．それは，積の代わりに，　$a+b, \dfrac{1}{a}+\dfrac{1}{b}$ の和を考えるのです．

解2. a は正数だから， $a+\dfrac{1}{a}\geqq 2\sqrt{a\dfrac{1}{a}}=2$

同様にして， $b+\dfrac{1}{b}\geqq 2$

これらを加えて， $(a+b)+\left(\dfrac{1}{a}+\dfrac{1}{b}\right)\geqq 4$

したがって， $a+b,\ \dfrac{1}{a}+\dfrac{1}{b}$ の少くとも一方は2より小さくない．

P 終りのところは，ていねいにいうと解1の終りと同じようになりますね．

T そうです．

P それにしても，ちょっとこの解には思いつきません．解1とくらべると，かなり思いつきが多いですね．

T 実は，a,b と2つでなく，a,b,c というように3つの正数になっても，解2のやり方ですと同じようにいきます．解1の方ですと，

$$a+b+c\geqq 3(abc)^{\frac{1}{3}}$$

というような程度の高い式を使わなくてはなりません．

この問題は，解1,解2とはもっとちがった考えで解くことができます．それは，

$a+b\geqq 2$ でないとすれば， $\dfrac{1}{a}+\dfrac{1}{b}\geqq 2$

を証明してもよいのです．この考えでやってごらんなさい．

T 結局， $a+b<2$ ならば， $\dfrac{1}{a}+\dfrac{1}{b}\geqq 2$

ということを証明すればよいわけですね．（暫く考える）

出来ました．やってみます．

解3. $a+b\geqq 2$ であれば，問題はない．

次に，$a+b<2$ とすれば，$\dfrac{1}{a}+\dfrac{1}{b}\geqq 2$ となることが わかれば 証明は終るわけである．

$a+b<2$ とすると，$b<2-a$，$b>0$ だから $2-a>0$ で，

$\dfrac{1}{b}>\dfrac{1}{2-a}$ したがって，$\dfrac{1}{a}+\dfrac{1}{b}>\dfrac{1}{a}+\dfrac{1}{2-a}=\dfrac{2}{a(2-a)}$

ここで， $a(2-a)=2a-a^2=1-(a-1)^2\leqq 1,\ a(2-a)>0$

だから，　　　　　　　$\dfrac{1}{a}+\dfrac{1}{b}\geqq 2$

T　よく出来ました.

P　不等式と領域というので，不等式を座標平面上で解釈することをいろいろやったことがあります. この問題もそれで出来ないでしょうか.

T　もちろん出来ます. やってごらんなさい.

P　(a,b) を平面上の点の座標と考えるのでしたね. これでやってみます. a,b では変数の感じが出ませんから，x,y にして考えます.

解4.　座標平面上で，第1象限（$x>0$, $y>0$）だけを考える. 点集合

　　$A=\{(x,y)\,|\,x+y\geqq 2,\ x>0,\ y>0\}$

は直線　　　　$x+y=2$　　　　　　　　(1)

の上方（境界をふくむ）であり，

　　$B=\left\{(x,y)\,\Big|\,\dfrac{1}{x}+\dfrac{1}{y}\geqq 2,\ x>0,\ y>0\right\}$

は，第1象限での直角双曲線

　　$2xy-x-y=0$　　　　　　　　　(2)

の下方（境界をふくむ）である.

　(1)と(2)は接していて，$A\cup B$ は第1象限全体となる.

　したがって，任意の正数 a,b について点 (a,b) は $A\cup B$ に属する. つまり，

　　　$a+b\geqq 2$　　または　　$\dfrac{1}{a}+\dfrac{1}{b}\geqq 2$

T　よくできました.

P　同じ問題でも，いろいろな考え方ができるものですね.

T　これは，そうした考えを生むよい問題といえますね.

[練習問題]

4.　3個の実数の和が a のとき，少くとも1つは $\dfrac{a}{3}$ より小さくない. これを証明せよ.

5.　正三角形でない三角形では，最大角は $60°$ より大きく，最小角は $60°$ より小さい. これを証明せよ.

6. a,b,c が正数のとき, $a+b+c$, $\dfrac{1}{a}+\dfrac{1}{b}+\dfrac{1}{c}$ の少くとも一方は 3 より小さくない. これを証明せよ.

7. 実数 a,b について, 次の 2 つの条件は同値といえるか.

   (1) $a>1$, $b>1$ (2) $a+b>2$, $ab>1$

  よくある問題であるが, 条件の整理で注意の要るものをあげよう.

> ── **問 3.** ──
>
>   次の条件を簡単にせよ.
> $$a^2-bc=b^2-ca=c^2-ab$$

P これはやさしそうです. まず, 与えられた条件を,
$$a^2-bc=b^2-ca \quad \cdots(1) \qquad b^2-ca=c^2-ab \quad \cdots(2)$$
と分けます. (1) から, $\qquad a^2-b^2+ac-bc=0$

  左辺を因数分解して, $\qquad (a-b)(a+b+c)=0$

  だから, $\qquad a=b$ または $a+b+c=0 \qquad\qquad \cdots(3)$

同じように (2) から,
$$b=c \quad \text{または} \quad a+b+c=0 \qquad\qquad \cdots(4)$$
(3) (4) から, $\qquad a=b=c$ または $a+b+c=0 \qquad \cdots(5)$

T 問題はその終りのところです. (3) (4) から (5) を導くところが早すぎませんか.

P そうでした. 軽率でした. もっとていねいにやります. (3) と (4) からは,
$$\begin{cases} a=b \\ b=c \end{cases} \quad \begin{cases} a=b \\ a+b+c=0 \end{cases} \quad \begin{cases} a+b+c=0 \\ b=c \end{cases} \quad \begin{cases} a+b+c=0 \\ a+b+c=0 \end{cases}$$
の 4 つがでてきます. しかし, 中の 2 つ
$$a=b \quad \text{かつ} \quad a+b+c=0, \qquad a+b+c=0 \quad \text{かつ} \quad b=c$$
というのは, 終りの $a+b+c=0$ の特別な場合ですから, これに吸収されて (5) が出るのですね.

T そうです. そういうようにていねいにやらないといけません.

  一般に条件 p,q について,

      'p かつ q である', というのは 'p である' ことの特別な場合

で, 前者は後者に吸収されるのです. このことは, 次のようにも理解されます.

      条件 p をみたすものの集合を P

      条件 q をみたすものの集合を Q

とすると，

　　　　p かつ q であるものの集合は $P \cap Q$

で，たしかに，

　　　　$P \cap Q \subseteqq P$

　問 2 の解 4 で，a, b についての条件を，(a, b) を点の座標とみて図形の上で解釈することを考えたが，こうした問題を取上げてみよう．

─── 問 4. ───────────────────────────────

　　次の不等式を満たす点 (x, y) の存在範囲を図示せよ．

　　　　$2x^2 + xy - y^2 - 3x + 3y - 2 > 0$

───

P　いかめしい式が出てきましたね．

　　　　$2x^2 + xy - y^2 - 3x + 3y - 2 = 0$

といった式で表わされる線のことは知らないのですが．

T　いや，この式の左辺が因数分解できるのですよ．

P　それで安心しました．やってみます．

┌───
│
│　**解**　　$2x^2 + xy - y^2 - 3x + 3y - 2$
│
│　　　　$= 2x^2 + (y-3)x - (y^2 - 3y + 2)$
│
│　　　　$= 2x^2 + (y-3)x - (y-1)(y-2)$
│
│　　　　$= (2x - (y-1))(x + (y-2))$
│
│　　　　$= (2x - y + 1)(x + y - 2)$
│
│　そこで，　　$p = 2x - y + 1$,　　　$q = x + y - 2$
│
│　とおけば，与えられた条件式は，
│
│　　　　　$pq > 0$　　　　　　　　　　　　　　　　(1)
│
│　となる．この条件は，
│
│　　　$\begin{cases} p > 0 \\ q > 0 \end{cases}$　　または　$\begin{cases} p < 0 \\ q < 0 \end{cases}$
│
│　と書きかえられる．
│
│　　　　$p = 2x - y + 1 > 0$ は点 (x, y) が直線 $2x - y + 1 = 0$ につい
│　　　　て原点と同じ側にあること，
│
│　　　　$q = x + y - 2 > 0$ は点 (x, y) が直線 $x + y - 2 = 0$ について

原点と反対の側にあること
を示しているから，先の条件 (1) を
満たす点の存在範囲は，2つの直線

$$2x-y+1=0,$$
$$x+y-2=0$$

で分けられる4つの領域のうち右の
図の斜線で示した2つの部分（境界
はふくまない）となる．

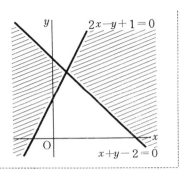

T よくできました．

$p>0$ である点の集合を A，$q>0$ である点の集合を B

$p<0$ である点の集合を C，$q<0$ である点の集合を D

とすると，

$p>0$ かつ $q>0$ である点の集合は $A \cap B$

$p<0$ かつ $q<0$ である点の集合は $C \cap D$

で，あなたの書いた図は，

$$(A \cap B) \cup (C \cap D)$$

を示していることになります．また，あなたの解で，

$p=2x-y+1>0$ は点 (x,y) が直線 $2x-y+1=0$ について

原点と同じ側にあること

と言っておられることの根拠は何ですか．

P それは，

$$ax+by+c=0 \qquad (1)$$

が直線を表わすとき，

$$f(x,y)=ax+by+c$$

とおくと，平面が直線 (1) によって2つの側に
分けられ，それぞれの側で

$$f(x,y)>0, \qquad f(x,y)<0$$

となっていることです．ですから，$c \neq 0$ のとき，

$c>0$ ならば，原点 $(0,0)$ のある側では $f(x,y)>0$

$c<0$ ならば，原点 $(0,0)$ のある側では $f(x,y)<0$

となっているわけです．このことを使いました．

[練習問題]

8. 次の式を満たす点 (x,y) の存在範囲を図示せよ.
   (1) $x^2+2y^2 \leqq 3xy$ (2) $xy(1-x-y)>0$
9. $|x|+|y|<1$ である点 (x,y) の存在範囲を図示せよ.
10. $x^2+y^2=1$ ならば, $|3x+4y| \leqq 5$ であることを, 図によって証明せよ.

条件と集合について基本的なことをもっと復習しておこう.

―― 問 5. ――
$$x^2=y^2 \rightleftarrows x=y \text{ または } x=-y$$
ということから結論されるのは, 次の (1) (2) のうち, どちらの方であるか.
   座標を考えた平面上で, 方程式 $x^2=y^2$ の表わすのは,
   (1) 直線 $x=y$ または 直線 $x=-y$
   (2) 直線 $x=y$ および 直線 $x=-y$

P これはまた, ひどく基本的なことになりましたね.
$$x=y \text{ または } x=-y$$
という条件に合うというのは, (x,y) がそのどちらかをみたすことですから,
   2 つの直線 $x=y$, $x=-y$ のどちらかの上にある
ことです. 'どちらかの上にある'という条件に合う点の全体は,
   直線 $x=y$ と 直線 $x=-y$
ということになります. したがって
   条件 $x^2=y^2$ の表わすのは, 2 直線 $x=y$, $x=-y$
となり, (2) が正しいわけです.

T よくできました. 一般に,
   条件 p に合うものの集合を P, 条件 q に合うものの集合を Q
とするとき,
   p または q に合うものの集合は, P および Q, つまり $P \cup Q$
というわけです.
   こうしたことは, 方程式や不等式でも同じで, たとえば,
   方程式 $x^2-3x+2=0$ の解
というのは,
   $(x-1)(x-2)=0$,   つまり $x=1$ または $x=2$
に合う x の値の集合で, それは,

$$1 \text{ および } 2, \quad \text{つまり} \quad \{1,2\}$$

となるわけです.

P これはよくわかります. 不等式でも同じなのですね.

T そうです. たとえば,

$$x^2-3x+2>0 \quad \text{つまり} \quad (x-1)(x-2)>0$$

という条件は,

$$x>2 \quad \text{または} \quad x<1$$

となって, その条件に合う x の値の集合は

$$x>2 \text{ に合う数 } x \text{ の集合}, \quad \text{つまり } P=\{x|x>2\}$$
$$x<1 \text{ に合う数 } x \text{ の集合}, \quad \text{つまり } Q=\{x|x<1\}$$

の合併 (結び) $P\cup Q$ となるのです.

P 不等式では, こんなにていねいに考えたことはありませんでした. ただ,

$$x^2-3x+2>0 \quad \text{の解は}, \quad x>2, \ x<1$$

というように学んだだけです. $x>2, x<1$ はそんな意味を もっているのですね.

[練習問題]

11. 「平面上で, 交わる2直線から等距離にある点の軌跡は, この2直線のつくる2つの角の二等分線のどちらかである」という言い方は, 正しいか.

12. 次のことは正しいか. ($a>0$ とする)

   (1) 不等式 $x^2>a^2$ の解は $x>\pm a$　　　(2) 不等式 $x^2<a^2$ の解は $|x|<a$

論理の基礎

これまで扱ってきたことを, もう少し基本から考えてみよう.

数学でものごとを考えていくとき, もとになるのは命題である. 命題というのは,

$$6 \text{ は3で割り切れる}, \qquad 8 \text{ は3で割り切れる}$$

というような「……は……である」という断定であって, 正しい (真である) ものも, 正しくない (偽である) ものもある.

いま, 2つの命題 p,q があるとき, p,q の真偽と,

$$p \text{ または } q \quad (\text{これを } p\vee q \text{ で表わす})$$
$$p \text{ かつ } q \quad (\text{これを } p\wedge q \text{ で表わす})$$

の真偽の関係は次のようである. (これを真偽表, または真理表という)

真であることを1, 偽であることを0とするとき,

p	q	$p \vee q$
1	1	1
1	0	1
0	1	1
0	0	0

p	q	$p \wedge q$
1	1	1
1	0	0
0	1	0
0	0	0

　このことは次のようにもいえる.

　　　　p, q の少くとも一方が正しければ, $p \vee q$ は正しい.

　　　　p, q の両方が正しいときに限って, $p \wedge q$ は正しい.

　次に, p でないことは, $\bar{p}$, $\daleth p$, $\sim p$ など
で表わされる. その真偽は右のようである.
(ここでは $\bar{p}$ を用いる)

p	$\bar{p}$
0	1
1	0

　この関係から, 次のこともいえる.

　　　　$\overline{p \vee q} = \bar{p} \wedge \bar{q},$　　　　$\overline{p \wedge q} = \bar{p} \vee \bar{q}$

つまり, 「p または q」の否定は, 「p でない, かつ, q でない」
　　　　「p かつ q」の否定は, 「p でない, または, q でない」
となる.

P　こうしたことは, よく使いますが, これが証明できるのですか.

T　そうです. 上で与えた基本の真理表から出てきます.

　　　　$$\overline{p \vee q} = \bar{p} \wedge \bar{q} \tag{1}$$

　で考えてごらんなさい.

P　どうすればよいのでしょうか. ちょっと見当がつかないのですが.

T　p, q が 0, 1 の値をとるすべての場合につい
　　て, (1) の両辺の値をしらべて一致すればよ
　　いのです.

P　そうですか. シラミつぶしにやればよいの
　　ですね. やってみます. まず,

　　　　$\overline{p \vee q}$

　については, $p, q, p \vee q, \overline{p \vee q}$ と順に考え
　て, 右のようになります.

p	q	$p \vee q$	$\overline{p \vee q}$
1	1	1	0
1	0	1	0
0	1	1	0
0	0	0	1

　　つぎに,

　　　　$\bar{p} \wedge \bar{q}$

について同じようにやると右のようです.
　なるほど，最後の 0,1 は一致します.
　ところで，前から出ていた

p	q	$\overline{p}$	$\overline{q}$	$\overline{p} \wedge \overline{q}$
1	1	0	0	0
1	0	0	1	0
0	1	1	0	0
0	0	1	1	1

　　　　条件 p をみたすものの集合 P,
　　　　条件 q をみたすものの集合 Q
を考えて，$\overline{p}, p \vee q, p \wedge q$ を集合 P, Q で考
えることへ進むわけですね.

T　ちょっと待って下さい. それは，話がちがうので，ここでの p, q は命題であって条件ではないのです.

P　それはどういうことですか.

T　命題というのは，前にも言ったように「6は3で割り切れる」といった真偽のはっきりしたことなのです. これに対して，条件というのは「3で割り切れる」というようなことで，これは，もっと詳しくいうと
　　　　　　「x が3で割り切れる」
というように，変数 x が入ってくるものです. 次にこれをお話しします.

　変数 x をふくんだ「……は……である」という断定を命題関数といって，$p(x)$, $q(x)$ のような記号で表わすことにする. このとき，x に特定の a を代入して考えると，$p(a)$ は命題になって，真偽が明らかになるわけである. たとえば，
　　　　　　自然数 x は3の倍数である
　　　　　　$\triangle ABC$ は正三角形である
といったものは命題関数で，あとの場合でいえば，$\triangle ABC$ が x に当るわけである.
　命題関数（条件）$p(x)$ において，$p(a)$ が真となるような a の全体を真理集合という. いま，
　　　　　$p(x)$ の真理集合を P,　　$q(x)$ の真理集合を Q
とするとき，
　　　　　$p(x) \vee q(x)$ の真理集合は　　$P \cup Q$
　　　　　$p(x) \wedge q(x)$ の真理集合は　　$P \cap Q$
　　　　　$\overline{p(x)}$ の真理集合は　　　　　$\overline{P}$
となる.

P　これが前から使っていた条件 p, q に合うものの集合をそれぞれ P, Q とする

とき，$p \vee q$，$p \wedge q$，$\bar{p}$ に合うものの集合が，それぞれ，$P \cup Q$，$P \cap Q$，$\bar{P}$ に
なるということですね.

T そうです. そして，方程式や不等式の解というのもそうした立場から考える
わけです.

[練習問題]

13. 次の式の成り立つことを真理表によって調べてみよ.

$$(p \wedge q) \wedge r = p \wedge (q \wedge r), \qquad (p \vee q) \vee r = p \vee (q \vee r)$$
$$(p \vee q) \wedge r = (p \wedge r) \vee (q \wedge r), \quad (p \wedge q) \vee r = (p \vee r) \wedge (q \vee r)$$

14. 前問に当ることを 命題関数 $p(x)$，$q(x)$，$r(x)$ について考えると，真理集
合についてはどんなことがいえるか.

　これまで述べてきた「または」「および」「…でない」の他に，
$$\cdots\cdots ならば\cdots\cdots である$$
ということが，論理での基本である. これは，ふつう，
$$p(x) ならば q(x) である$$
つまり，
$$p(x) が真であるすべての x について，q(x) も真である$$
ということである. たとえば
$$正三角形では，すべての角が 60° である$$
というのは，$x = \triangle ABC$ と考えて，
$$p(x)：\triangle ABC は正三角形である$$
ということから，
$$q(x)：\triangle ABC で，\angle A，\angle B，\angle C が 60° である$$
が出てくるということである.

　こうしたことを真理表で処理していくためには，命題関数 $p(x)$, $q(x)$
でなく，命題 p, q について，
$$p ならば q \qquad (p \to q)$$
ということを，
$$\bar{p} \vee q$$
の意味にとって扱うとつごうがよい. つまり，
$$(p \to q) = \bar{p} \vee q$$
と考えるのである. その真理表は，右のようである. つまり，

p	q	$\bar{p}$	$\bar{p} \vee q$
1	1	0	1
1	0	0	0
0	1	1	1
0	0	1	1

p 真, q 真のとき，　　$p \to q$ は真

p 真, q 偽のとき，　　$p \to q$ は偽

p 偽, q 真のとき，　　$p \to q$ は真

p 偽, q 偽のとき，　　$p \to q$ は真

P　p が真, q が真のとき，　$p \to q$ が真というのがふつうのことで，

　　　　p が真, q が偽のとき，$p \to q$ は偽

も，もっともと思います．

　　　　p が偽, q が真のとき，$p \to q$ は真

というのも，ちょっと気になりますが，まあまあです．「うそから出たまこと」
もまことの内でしょうから．しかし，

　　　　p が偽, q が偽のとき，$p \to q$ は真

というのはどうしても納得できません．

T　いや，これに，$p(x) \to q(x)$ で，x に特定の a を入れて考えた $p(a) \to q(a)$
がつじつまの合うようにきめているので，あくまでも

　　　　$p \to q$ とは，　$\bar{p} \lor q$ のことである

と考えて下さい．実は，

　　　　p が真, q が真のとき，$p \to q$ は真

にしても，変なものなのです．たとえば，

　　　　p：6は3の倍数である　　　q：4は2の倍数である

はどちらも真ですから，

　　　　6が3で割り切れるならば，4が2で割り切れる

ということが真になるのです．

P　何だか妙なことになって，少しはわかっていた論理というものに自信がなく
なりました．

T　ですから，この $p \to q$ などは，深入りしないほうがよいでしょう．要は，論
理というものが「正しく使える」ことです．それには，あなた方の 段階では
$p \to q$ は要らないと思います．$p(x) \to q(x)$ は大切ですがね．ここでは，

　　　　$p(x)$ の真理集合を P, $q(x)$ の真理集合を Q とするとき，

　　　　$p(x) \to q(x)$ のとき，$P \subseteq Q$

ということです．

P　ここの $p(x) \to q(x)$ というのは，

　　　　$p(x)$ が真であるということから $q(x)$ が真であることが導かれる

という意味でよいのですね．

T　その通りです．

いろいろな数え方

ものごとを見ていくとき，ちがった角度からの考察の結果を総合することはたいせつである．たとえば，縦横に 3 行 5 列に 並んだものの 個数は， 3×5 とも 5×3 とも考えられるが，3×5＝5×3 の真の理解は，この事実から導かれるのである．

同じものでも，ちがった数え方をすることによって，ある種の等式が得られることがある．

たとえば，n 行 n 列に並んだものを右の図のように鍵の手に区切って数えると，

$$1+3+5+\cdots\cdots+(2n-1)$$

となって， 結局これが n^2 に等しいという関係が出てくる．

また， この n^2 個のものの並びを斜めに数えると，

$$1+2+\cdots+(n-1)+n+(n-1)+\cdots+2+1$$

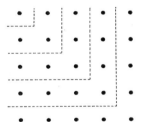

となる．これに n を加えて 2 でわると，

$$1+2+3+\cdots+n=\frac{1}{2}(n^2+n) \quad\cdots\cdots(1)$$

というよく知られた式が得られる．

級数の和の公式として，

$$1^3+2^3+3^3+\cdots+n^3=\left(\frac{1}{2}n(n+1)\right)^2$$

があることはよく知られている．これは，

$$1+2+3+\cdots+n=\frac{1}{2}n(n+1)$$

の2乗になっているが，この関係ははじめに述べた考えで証明することもできる．これを問題としよう．

~~~ 問 1.
　下に示した数の並びを利用して，

$$1^3+2^3+3^3+\cdots+n^3=(1+2+3+\cdots+n)^2$$

を証明せよ.

$$
\begin{array}{llllll}
1\cdot1 & 1\cdot2 & 1\cdot3 & \cdots\cdots & 1\cdot n \\
2\cdot1 & 2\cdot2 & 2\cdot3 & \cdots\cdots & 2\cdot n \\
3\cdot1 & 3\cdot2 & 3\cdot3 & \cdots\cdots & 3\cdot n \\
& & \cdots\cdots\cdots \\
n\cdot1 & n\cdot2 & n\cdot3 & \cdots\cdots & n\cdot n
\end{array}
$$

P　これをすべて加えると，右辺になることはわかります．鍵の手に区切って加えると左辺になるというのですね．やってみます．

解　この表の第 k 行の数 $k\cdot1,\ k\cdot2,\ \cdots,\ kn$ を加えると，

$$k(1+2+3+\cdots+n)$$

　$k=1,2,3,\cdots,n$ としてこれらを加えると，

$$(1+2+3+\cdots+n)^2 \tag{1}$$

　次に，鍵の手に区切ったときの各区画内の数の和は，

$$1\cdot1,\quad 2\cdot1+2\cdot2+1\cdot2,\quad 3\cdot1+3\cdot2+3\cdot3+2\cdot3+1\cdot3,\cdots$$

である．その第 k 番目の和は，

$$
\begin{aligned}
& k\cdot1+k\cdot2+\cdots+k(k-1)+k\cdot k+(k-1)k+\cdots+2\cdot k+1\cdot k \\
&=2(k\cdot1+k\cdot2+\cdots+k\cdot k)-k^2 \\
&=2k\cdot\frac{1}{2}k(k+1)-k^2 \\
&=k^3
\end{aligned}
$$

したがって，この表の中の数全体の和は，
$$1^3+2^3+3^3+\cdots+n^3 \qquad\qquad (2)$$
(1) と (2) は当然等しい．

P　学校で $1^3+2^3+\cdots+n^3$ を習ったとき，右辺も左辺も $\dfrac{1}{4}n^2(n+1)^2$ となって，この等式の成り立つことには気がついたのですが，このように直接に等しいことがわかるとは知りませんでした．面白いものですね．このような考えで，もっといろいろの式が出るのでしょうか．

T　いろいろ考えられますが，その中でほんとうにすっきりした形のものというのは少いでしょうね．

[練習問題]

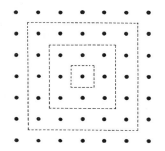

1.　各行各列に $2n+1$ 個の ・ をならべ，図のように区切って加えると，どんな等式が得られるか．

2.　問1のやり方で，次のことを証明せよ．
$$S_k=1^k+2^k+3^k+\cdots n^k$$
$$(k=1,2,3,4,5)$$
とおくとき，
(1)　$6S_1S_2=5S_4+S_2$
(2)　$3S_2{}^2=2S_5+S_3$

同じものをちがった数え方をすることによって得られる式は，組合せの問題には大変多い．

たとえば，ことなる n 個のもの $a_1,a_2,\cdots,a_n$ を2人の子供 A, B に分ける方法の数を考えると，

　a_1 について2通り，a_2 について2通り，…
というようになって，

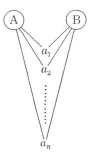

$$2\cdot2\cdot\cdots\cdot2=2^n \quad 通り \qquad (1)$$
となる．他方 A, B がもらった数からいうと，A が k 個もらう場合の数は，$a_1,\cdots,a_n$ から k 個えらぶ方法の数だから，${}_nC_k$，これを $k=0,1,\cdots,n$ として加えた

$$_n\mathrm{C}_0 + {}_n\mathrm{C}_1 + {}_n\mathrm{C}_2 + \cdots + {}_n\mathrm{C}_n \quad \text{通り} \qquad (2)$$

が $a_1, \cdots, a_n$ が A, B に分けられる方法の数である.

(1) と (2) は当然等しいから,

$$2^n = {}_n\mathrm{C}_0 + {}_n\mathrm{C}_1 + {}_n\mathrm{C}_2 + \cdots + {}_n\mathrm{C}_n \qquad (3)$$

P A や B が 1 つももらわない場合も 入っているのですね. この式なら, 2 項定理

$$(a+b)^n = {}_n\mathrm{C}_0 a^n + {}_n\mathrm{C}_1 a^{n-1} b + {}_n\mathrm{C}_2 a^{n-2} b^2 + \cdots + {}_n\mathrm{C}_n b^n$$

で $a=1$, $b=1$ とおけばすぐ出てきます.

T それはそうですが, 2 項定理を知らないでも出るところがミソです. 次にもう少しやりがいのある問題を考えましょう.

― 問 2. ―

1 から n までの番号のついた白札と赤札が 1 枚ずつ計 $2n$ 枚ある中から, n 枚とり出す方法の数を数えることによって, 次の等式を導け.

$$_{2n}\mathrm{C}_n = ({}_n\mathrm{C}_0)^2 + ({}_n\mathrm{C}_1)^2 + ({}_n\mathrm{C}_2)^2 + \cdots + ({}_n\mathrm{C}_n)^2$$

P 左辺は当然ですが, 右辺がどうかというわけですね. 白札, 赤札合せて n 枚ですから, その内訳 (うちわけ) を考えたらよさそうです.

T そうです. それでやってごらんなさい.

解 白札が k 枚, 赤札が $n-k$ 枚であるすべての場合を考えると, これは白札のとり方の数 $_n\mathrm{C}_k$ と赤札のとり方の数 $_n\mathrm{C}_{n-k}$ とから考えて,

$$_n\mathrm{C}_k {}_n\mathrm{C}_{n-k} = ({}_n\mathrm{C}_k)^2 \quad \text{通り}$$

となる. $k=0,1,2,\cdots,n$ の場合を考えて加えた

$$({}_n\mathrm{C}_0)^2 + ({}_n\mathrm{C}_1)^2 + ({}_n\mathrm{C}_2)^2 + \cdots + ({}_n\mathrm{C}_n)^2$$

が $2n$ 枚の中から n 枚とるすべての 場合の数で, これは $_{2n}\mathrm{C}_n$ に等しい.

P ここで使った関係

$$_n\mathrm{C}_k = {}_n\mathrm{C}_{n-k}$$

も, 「n 個のものから k 個とることは, 残すべき $n-k$ 個をえらぶこと」と考えることから説明できるわけですね.

T　そうです．問2の等式を2項定理から導くことを知っていますか．

P　こんどは，先生の方から2項定理が持出されるのですか．どうしたらよいかな．

T　$(1+x)^n$ の展開を2つ考えて，

$$(1+x)^n = {}_nC_0 + {}_nC_1x + {}_nC_2x^2 + \cdots + {}_nC_nx^n$$

$$(1+x)^n = {}_nC_0 + {}_nC_1x + {}_nC_2x^2 + \cdots + {}_nC_nx^n$$

とし，これを掛けて x^n の係数を調べればよいのです．

P　やってみます．掛けると左辺は $(1+x)^{2n}$ となり，その x^n の係数は ${}_{2n}C_n$，右辺では x^n の係数は，

$${}_nC_0{}_nC_n + {}_nC_1{}_nC_{n-1} + \cdots + {}_nC_n{}_nC_0 = ({}_nC_0)^2 + ({}_nC_1)^2 + \cdots + ({}_nC_n)^2$$

これでできました．ここで x^n の係数でなく，もっと一般に x^k の係数を考えると，ちがった等式ができてきますね．

T　そうです．あとからやってごらんなさい．問2の考えで扱われる有名なものには，

$${}_nC_r = {}_{n-1}C_r + {}_{n-1}C_{r-1}$$

があります．これはやったことがあるでしょう．

P　そうです．覚えています．ちがった n 個のものから r 個とるのに，

特定の1つをふくまない場合　　　${}_{n-1}C_r$ 通り

特定の1つをふくむ場合　　　　　${}_{n-1}C_{r-1}$ 通り

というのでした．

T　そうでした．こうした考えで扱えるものをいくつかやってごらんなさい．

[練習問題]

3.　n 人の生徒の中から r 人の委員を選んで，委員長をきめる方法を考えることによって，

$$r\,{}_nC_r = n\,{}_{n-1}C_{r-1}$$

を導け．

4.　問2にならって次の等式を説明せよ．

$${}_{2n}C_{n+1} = {}_nC_0\,{}_nC_1 + {}_nC_1\,{}_nC_2 + \cdots + {}_nC_{n-1}\,{}_nC_n$$

　　$(a+b)^n$ の展開を示す2項定理から，$(a+b+c)^n$，$(a+b+c+d)^n$ のような式へ進むと，かなり複雑になるが，前ページの (3) に当るようなことは，ここでも考えられる．こうしたことを考えてみよう．

～ 問 3. ～

$(a+b+c+d)^5$ の展開式について，次のことに答えよ．

(1) a^5 と b^5，a^3b^2 と d^3a^2，a^3bc と c^3bd などは，それぞれ同じ型であるという．a^5 の型の項は，a^5, b^5, c^5, d^5 と 4 つあるが，a^3b^2，a^2b^2c の型の項はそれぞれいくつあるか．

(2) a^3b^2，a^2b^2c の係数は，それぞれいくらか．

(3) 上のように考えて，下の表の空欄を埋めよ．

項の型	同型の項の数	係　　　数	左の2数の積
a^5			
a^4b			
a^3b^2			
a^3bc			
a^2b^2c			
a^2bcd			
計			

P 項の型というのは，これで全部ですね．

T そうです．$a^5, a^4b, a^3b^2, \cdots$ というように，いわゆる辞書式に整理して考えていますから，大丈夫です．

P まず (1) ですが，a^3b^2 の型は，

　　　　4 つの文字 a, b, c, d から 2 つとって，3 乗の方をきめる

ことで作られますから，このようなものは $_4\mathrm{P}_2 = 4\cdot3 = 12$ 個です．a^2b^2c の方は，4 つの文字から 3 つとって 1 乗の項をきめると考えて，$3\cdot_4\mathrm{C}_3 = 3\cdot4 = 12$ 個です．

T それで結構です．(2) を考えてごらんなさい．

P これは，ちょっと難しそうですね．

T それ程でもありません．$(a+b+c+d)^5$ の展開の各項は右のように $a+b+c+d$ を 5 行かいて，上から下へ線で示したように降りていくことによって得られると考えてごらんなさい．

$a+b+c+d$
$a+b+c+d$
$a+b+c+d$
$a+b+c+d$
$a+b+c+d$

P そうしますと，a^3b^2 という項は，a を3回，b を2回通ると考えて

  3つの a と2つの b の並べかえ

の数だけ出てきます．これは，

$$\frac{5!}{3!\,2!}=10$$

です．同じように考えて，a^2b^2c の係数は $\frac{5!}{2!\,2!\,1!}=30$ です．

T そうです．よく覚えていました．一般に，

  a が p個，b が q個，…とあって，全部で n 個のとき，

  これらを1列に並べる方法の数は，

$$\frac{n!}{p!\,q!\cdots}$$

というわけです．

P そこで，(1) (2) の考えで，
いちいちやってみますと，右の
ようになります．

T この表で，終りの欄の合計が
1024 ということについて，何
か気がつきませんか．

P $1024=2^{10}$ というのではあり
ません か．

T それはそうですが，この場合
は実は $4^5=1024$ という意味が
あるのです．それは 終りの 欄

項の型	同型の項の数	係　　数	左の2数の積
a^5	4	1	4
a^4b	12	5	60
a^3b^2	12	10	120
a^3bc	12	20	240
a^2b^2c	12	30	360
a^2bcd	4	60	240
計	56		1024

は，この展開で項が結局何個出来るかという数を示しているわけです．

P ああそうですか，同類項もすべてちがったものと考えるのですね．それでし
たら，前ページの5行の $a+b+c+d$ で

  上から下へ降るすべての方法

で，たしかに 4^5 です．なるほどそういうわけですか．

T 真中の欄の数の合計は格別意味はないので考えませんが，はじめの欄の

  同型の項の数の和＝56

というのは，直接に次のようにしても得られます．それは，

  a,b,c,d の中から繰返しをゆるして5つとって作った積の個数

に当るわけです．つまり，

  $aaaaa,\quad aaabb,\quad \cdots,\quad aabcd$ 　　　　　　　　　　(i)

といったものです．いま，これらに a,b,c,d を1つずつつけ加えて考えますと，全部で9個になります．たとえば，$aaabb$ でいえば，

$$aaaabbbcd$$

となります．これは，9つの○のならびに

$$〇〇〇〇｜〇〇〇｜〇｜〇 \qquad\qquad (ii)$$

と3つの仕切り｜を入れることに当ります．(i) のような数のならびは，結局 (ii) のようなものと1対1に対応することになります．ところで，(ii) は，○と○の間が全部で8個ある中から｜をおく所を3つとることに当りますから，その総数は，

$$_8C_3 = \frac{8 \cdot 7 \cdot 6}{1 \cdot 2 \cdot 3} = 56$$

これが，はじめの欄の合計です．

P なるほど，そういうことでしたか．それにしても，この考え方はうまいですね．ちょっと気がつきません．

T 一般に，

ちがった n 個のものから，繰返しをゆるして r 個とる方法の数は，

$$_{n+r-1}C_r$$

ということが，上の方法で証明できます．一度やっておいてごらんなさい．

また，この数は $_nH_r$ ともかきます．H というのは homogeneous product（同次積）の頭文字です．上の例でいえば，

$$_4H_5 = _8C_5 = _8C_3 = 56$$

というわけで，これが a,b,c,d で作った5次の積の個数ということになります．

P よくわかりました．

[練習問題]

5. 問3にならって，次の式の展開に関する表を作れ．
   (1) $(a+b+c+d+e)^4$ (2) $(a+b+c)^6$

2重の和について

一般に，m 行 n 列に並んだ数

$$
\begin{array}{ccccc}
a_{11} & a_{12} & a_{13} & \cdots & a_{1n} \\
a_{21} & a_{22} & a_{23} & \cdots & a_{2n} \\
\multicolumn{5}{c}{\cdots\cdots\cdots\cdots\cdots} \\
a_{m1} & a_{m2} & a_{m3} & \cdots & a_{mn}
\end{array}
$$

を全部加えたものは，

$$\sum_{\substack{i=1,\cdots,m \\ j=1,\cdots,n}} a_{ij} \quad , \quad \sum_{\substack{1\leqq i\leqq m \\ 1\leqq j\leqq n}} a_{ij} \quad , \quad \sum_{i,j} a_{ij}$$

などと表わされる．これを二重和という．この和を S とすると，

$$S=\sum_{i=1}^{m} (\sum_{j=1}^{n} a_{ij})$$

と表わされる．これは，上の数のならびで，

　　　　はじめに各行（横の並び）を加え，それを縦に加える

ことに当る．また，S は，

$$S=\sum_{j=1}^{n} (\sum_{i=1}^{m} a_{ij})$$

ともなる．これは，

　　　　はじめに各列（縦の並び）を加え，それを横に加える

ことに当る．したがってまた，

$$\sum_{i=1}^{m} (\sum_{j=1}^{n} a_{ij})=\sum_{j=1}^{n} (\sum_{i=1}^{m} a_{ij})$$

も成り立つ．

P　$\sum_{i=1}^{n} a_i$ でさえあまり慣れていないところへ，$\sum_{i,j} a_{ij}$ とは驚きました．

T　そんな弱気ではいけません．$\sum$ は大変便利なもので先へ行っても非常に大切です．早く慣れるようにして下さい．ここでは，いろいろな数え方をしても結果は同じということを扱っているのですから，上のことは基本で，もっと早くからお話しすべきだったかもしれません．しかし，私も学生の頃は，これに親しみを覚えるようになるのには，やはり時間がかかりました．次の問4を通して，この記号の有難さを覚って下さい．

　　　問 4.

　「さいころ」を2つ振るとき，出る目の数の和の期待値を求めよ．

P　これが，二重和 $\sum_{i,j} a_{ij}$ とどう関係するのですか．

T　それはあとからのお話です．まず，この問題を解いて下さい．

P　2つの「さいころ」ですから，一応区別して考えます．確率のときはいつでもそうでした．Aの「さいころ」で i，Bの「さいころ」で j の目が出ることを (i,j) で表わしますと，

目の和が 2 ……(1,1)

　　　　　3 ……(1,2)　(2,1)

　　　　　4 ……(1,3)　(2,2)　(3,1)

　　　　　5 ……(1,4)　(2,3)　(3,2)　(4,1)

　　　　　6 ……(1,5)　(2,4)　(3,3)　(4,2)　(5,1)

　　　　　7 ……(1,6)　(2,5)　(3,4)　(4,3)　(5,2)　(6,1)

　　　　　8 ……(2,6)　(3,5)　(4,4)　(5,3)　(6,2)

　　　　　9 ……(3,6)　(4,5)　(5,4)　(6,3)

　　　　　10 ……(4,6)　(5,5)　(6,4)

　　　　　11 ……(5,6)　(6,5)

　　　　　12 ……(6,6)

このことから，次の解が得られます.

解 1. 　2つの「さいころ」の目の出方は，全部で $6 \times 6 = 36$ 通りある．その中で，目の数の和が $2, 3, \cdots, 12$ となる場合を考えると，それらの確率は次のようである．

目の和	2	3	4	5	6	7	8	9	10	11	12
確率	$\frac{1}{36}$	$\frac{2}{36}$	$\frac{3}{36}$	$\frac{4}{36}$	$\frac{5}{36}$	$\frac{6}{36}$	$\frac{5}{36}$	$\frac{4}{36}$	$\frac{3}{36}$	$\frac{2}{36}$	$\frac{1}{36}$

したがって，出る目の数の和の期待値は，

$$2 \times \frac{1}{36} + 3 \times \frac{2}{36} + 4 \times \frac{3}{36} + 5 \times \frac{4}{36} + 6 \times \frac{5}{36} + 7 \times \frac{6}{36} + 8 \times \frac{5}{36}$$

$$+ 9 \times \frac{4}{36} + 10 \times \frac{3}{36} + 11 \times \frac{2}{36} + 12 \times \frac{1}{36}$$

$$= \frac{1}{36}(2 + 6 + 12 + 20 + 30 + 42 + 40 + 36 + 30 + 22 + 12)$$

$$= \frac{252}{36} = 7$$

T　それで結構です．もちろん，2つの「さいころ」は独立と考えてよいのですから．

P　ところで，先生．1つの「さいころ」を投げて出る目の数の期待値は，3.5 だったように思います．解1の答の7は，その2倍ですね．ですから次の解はどうでしょう．

解 2.　1つの「さいころ」を振るとき，出る目の数の期待値は，

$$1\times\frac{1}{6}+2\times\frac{1}{6}+3\times\frac{1}{6}+4\times\frac{1}{6}+5\times\frac{1}{6}+6\times\frac{1}{6}$$

$$=\frac{1}{6}(1+2+3+4+5+6)=\frac{21}{6}=3.5$$

したがって，2つの「さいころ」を投げて出る目の数の和の期待値は，

$$3.5\times2=7$$

T　どうしてこれが解になるのですか．

P　それは，全然自信がありません．ただ，答がきれいに合うので，何かこんな解答に意味があるかと考えたのです．

T　数学は，きちんとした定義,定理からやるものですから，

事　象	A_1	A_2	⋯	A_n
確　率	p_1	p_2	⋯	p_n
付　与	a_1	a_2	⋯	a_n

の場合に，この付与に対する期待値は

$$a_1p_1+a_2p_2+\cdots+a_np_n$$

ということから計算しなくてはなりません．解1はこれに忠実に従っているわけですが，解2はそうではありません．

P　それでは，解2は全くナンセンスなのでしょうか．やっぱり駄目ですか．

T　いや，そうではありません．あなたの目のつけどころは，なかなかよいのです．実は，解2はこれからお話する意味では正しいことになってくるのです．

P　そう伺って安心しました．是非お願いします．

T　もう少し一般に考えた方がかえってわかりやすいので，そうします．

2つの「さいころ」P,Qがあって，それらで1,2,…,6の目が出る確率をそれぞれ

$$p_1,p_2,p_3,p_4,p_5,p_6 \qquad q_1,q_2,q_3,q_4,q_5,q_6$$

とします．この2つの「さいころ」が独立であるとすると，

Pでiの目，Qでjの目が出る確率$=p_iq_j$

で，出る目の数の和の期待値をxとすると，

$$x=\sum_{i,j}(i+j)p_iq_j$$

となります．ここで，$i=1,2,\cdots,6$; $j=1,2,\cdots,6$ です．

P 二重和の登場ですね．

T そうです．そこで，これが，

$$x=\sum_{i,j} ip_iq_j+\sum_{i,j} jp_iq_j \tag{1}$$

と分けられることは，$\sum_i$ の場合と同じです．そこで，右辺の各項を順に r,s とおくと，

$$r=\sum_{i,j} ip_iq_j=\sum_{i=1}^{6}(\sum_{j=1}^{6} ip_iq_j)=\sum_{i=1}^{6}(ip_i\sum_{j=1}^{6} q_j)$$

ところが，$\sum_{j=1}^{6} q_j=1$ だから，

$$r=\sum_{i=1}^{6} ip_i \tag{2}$$

同じように，

$$s=\sum_{i,j} jp_iq_j=\sum_{j=1}^{6}(\sum_{i=1}^{6} jp_iq_j)=\sum_{i=1}^{6}(jq_j\sum_{i=1}^{6} p_i)$$

ここで，$\sum_{i=1}^{6} p_i=1$ だから，

$$s=\sum_{j=1}^{6} jq_j \tag{3}$$

こうして，(1)(2)(3) から，

$$x=r+s \tag{4}$$

(2)(3) によると，

$r=$ さいころ P での出る目の数の期待値

$s=$ さいころ Q での出る目の数の期待値

です．したがって，(4) は次のようにいえます．

「さいころ」を 2 つ振るとき，出る目の数の和の期待値は，

各「さいころ」での出る目の数の期待値の和に等しい．

これは，出来の悪い「さいころ」をもふくめた一般の場合に証明できたことですから，正しくできた「さいころ」でももちろん成り立つのです．こうして解 2 の計算の正当であることがわかります．

P なるほど，そこまでやってはじめてわかるのですね．それでは，高校程度では解 2 はやはりぐあいが悪いのですね．

T そういうことになります．進んだ定理をやってはじめて正解となるわけですから．

P ところで，こうした見地から解 1 はどうなっていたのでしょうか．

T それは，$i+j=2,3,\cdots,12$ の場合をはじめにまとめたので，

$$x=\sum_{k=2}^{12}\left(k\sum_{i+j=k}p_iq_j\right)$$

として計算したことに当ります. ここで, $\sum_{i+j=k}p_iq_j$ というのは, k を定めて $i+j=k$ であるすべての i,j を考えて加えたものです. 解1では, 各 p_iq_j が $\frac{1}{36}$ で, $k=2,3,\cdots,12$ に対してこの和が $\frac{1}{36}$, $\frac{2}{36}$, $\cdots$, $\frac{1}{36}$ となったのです.

P　すっかり明快になりました. 結局, 解1, 解2 も同じもののちがった数え方になるわけですね.

T　その通りです. ここで, もう1つ大切な注意をお話しておきましょう.
それは, (4)が,

　　　　2つの「さいころ」が独立でなくても成り立つ

ということです.

P　よくわかりませんが, どういうことでしょうか.

T　2つの「さいころ」が独立でないというのは, たとえば, 図のようにひもでつながれた場合です. このとき,

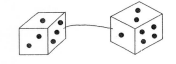

　　$w_{ij}=$ P で i の目, Q で j の目の出る確率

としますと, 一般には w_{ij} は, P で i の目の出る確率 p_i と, Q で j の目の出る確率 q_j との積にはなっていないのです. この場合は, 実は

$$p_i=\sum_{j=1}^{6}w_{ij}, \qquad q_j=\sum_{i=1}^{6}w_{ij}$$

となっているのです.

この場合にも, 出る目の数の和 $i+j$ の期待値 x は,

$$
\begin{aligned}
x&=\sum_{i,j}(i+j)w_{ij}\\
&=\sum_{i,j}iw_{ij}+\sum_{i,j}jw_{ij}\\
&=\sum_{i}\left(i\sum_{j}w_{ij}\right)+\sum_{j}\left(j\sum_{i}w_{ij}\right)\\
&=\sum_{i}ip_i+\sum_{j}jq_j
\end{aligned}
$$

w_{11}	w_{12}	$\cdots$	w_{16}	p_1
w_{21}	w_{22}	$\cdots$	w_{26}	p_2
	$\cdots\cdots\cdots\cdots$			$\cdots$
w_{61}	w_{62}	$\cdots$	w_{66}	p_6
q_1	q_2	$\cdots$	q_6	1

となって, やはり $x=r+s$ となります.

P　なるほど, $w_{ij}=p_iq_j$ ということを使っていませんね. この結果は, 「さいころ」に限らず一般に成り立つことではありませんか.

T　その通りです. 確率の理論では, はじめに出てくる重要な定理です.

練習問題

6. m 本の「くじ」の中に n 本の「当りくじ」があるとき，2番目にひく人の当る確率もはじめの人の当る確率に等しい．このことを，次の2つの方法で確かめよ．

(1) はじめの人の当る場合と当らない場合に分けて考える．

(2) 2番目にひく人が，まず特定の当りくじを引く場合を考える．

また，上の2つの考え方の相違を，右の表（$m=5$, $n=3$ の場合を示す）によって説明せよ．

初＼2番目	1	2	3	4	5
初	○	○	○	×	×
1 ○		●	●	●	●
2 ○	●		●	●	●
3 ○	●	●		●	●
4 ×	●	●	●		●
5 ×	●	●	●	●	

7. 「さいころ」を1の目が出るまで振り続け，1の目が出たらやめる．n 回目にはじめて1の目が出るとき n 円もらえる（$n=1,2,3,\cdots$）としたときの期待金額を，次の2つの方法で求め，それらの解法をくらべよ．

(1) n 回目にはじめて1の目の出る確率 p_n を求めて，$\displaystyle\sum_{n=1}^{\infty} n p_n$ を計算する．

(2) この金額の与えられ方は，1の目が出るまで振るとして，1回振るごとに1円もらうことと考えてもよい．このことから期待金額を求める．

3
いろいろな測り方

同じもののちがった見方は，図形の面積や体積を
測るときにも出てくることである．これまでに知ら
れた定理や公式も，こうした立場から新しく見直す
ことができるし，これが新しい事実の発見へもつな
がっていく．

　前の章では，有限個のものを数えるのに，いろいろな数え方をするこ
とによって導かれる面白い例を扱ったが，この考えは面積，体積，長さ
にも適用される．

　まず，

　　　　（三角形の面積）＝（底辺の長さ）×（高さ）÷2

ということはよく知っているが，現実の問題となると，どれを底辺と考
えるかによって，次の3つの場合がある．

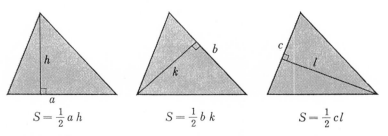

$$S = \frac{1}{2} a h \qquad\qquad S = \frac{1}{2} b k \qquad\qquad S = \frac{1}{2} c l$$

　この公式の適用を誤らないことがたいせつである．はじめに，中学校
程度のやさしいものから考えていこう．

---- 問 1. ----

　与えられた円 O で 2 つの半径 OA, OB を引き，△OAB の面積が
最大になるようにせよ．

P　これはやさしそうですね．△OAB は二等辺三角
形だから O から AB へ垂線 OH をひいて考えると，
△OAB の面積を S として，

$$S=\frac{1}{2}\text{AB}\cdot\text{OH}$$

そこで，∠AOB の大きさが変わるにつれて AB,
OH の長さがどう変わるかを考えますと，

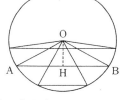

　　　∠AOB が大きくなると，AB は大きくなり，OH は小さくなる．
アレ，これでは出来ませんね．

T　そうです．それでは出来ません．そもそも，あなたが '△OAB は二等辺三
角形だから O から AB へ垂線 OH をひく' といったのが，あまり意味はあり
ませんよ．

P　考え直します．これでは駄目ですから，どうした
らよいかな．（暫く考えて）ああ，わかりました．
OB を底辺とみて A から OB へ垂線 AK をひけば，
これで出来ます．

$$S=\frac{1}{2}\text{OB}\cdot\text{AK}, \quad \text{OB は一定}$$

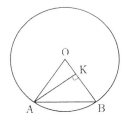

ですから，AK をなるべく大きくすればよい．それ
には，∠AOB＝90° にすればよいわけです．

T　そうです．この場合，△OAB が二等辺三角形であるということは，実は役
に立たないのです．つい，O から AB に垂線をひきたくなるのが人情ですし，
常識的ですが，数学の問題は常識では解けません．もっと，本質的なことを見
抜く力，洞察力というものがたいせつです．

P　小学校のときから，二等辺三角形というと，いつでも頂点から底辺へ垂線を
ひいて，線対称ということばかりやらされていたものですから，ついそうなる
のですね．

P　そうです．なぜそういうことをやるかという精神を忘れて形だけ覚えるとそ
ういうことになります．

T　A から OB に垂線をひくという '一見，変わったこと' をやってうまくいく
のは，あまのじゃくのようですが，そうではないのですね．

P　その通りです．そうしたことが早く見抜けることが数学的センスというもの
でしょう．

T　ところで，今気がついたのですが，2辺の長さ
a, b，そのなす角 θ の三角形の面積は，

$$S = \frac{1}{2} ab \sin \theta \qquad\qquad (1)$$

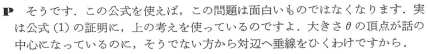

という公式がありますね．あれを使えば，

$$OA = OB = r, \quad \angle AOB = \theta$$

とおいて，

$$S = \frac{1}{2} r^2 \sin \theta$$

これは $\theta = 90°$ のとき最大となって，すぐに出来ますね．

P　そうです．この公式を使えば，この問題は面白いものではなくなります．実
は公式 (1) の証明に，上の考えを使っているのですよ．大きさ θ の頂点が話の
中心になっているのに，そうでない方から対辺へ垂線をひくわけですから．

T　なるなど，そういえばそうですね．

P　これによく似た問題で，もう少し難しいものがあります．それは次のようで
す．

問 2.

　　細長い長方形の紙を，図のよう
に2つに折って，重なる部分の面
積が，最も小さくなるようにした
い．どう折ればよいか．

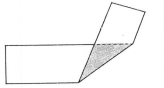

P　この三角形も二等辺ですね．それは角の関係
からわかります．しかし，このことから考えて
頂点から底辺へ垂線をひいても，うまくいかな
いことは前と同じです．

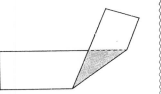

T　そうです．もっと本質的に考えてごらんなさ
い．

P　どの辺を底辺と考えるとつごうがよいかとい
うことですね．ああ，わかりました．紙の幅が一定であることに目をつける
と，次のようです．

解 重なる部分の三角形を △PQR, その面積を S とし, Q から PR へ垂線 QH をひくと,

$$S=\frac{1}{2}PR\cdot QH$$

QH はこの紙の幅であって, 一定である. したがって, S を最小にするには, PR の長さを最小にすればよい. それは PR も紙の幅となる場合であって, 結局,

$$\angle QPR=90°$$

の場合である.

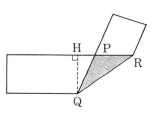

P 問1では底辺が一定, 問2では高さが一定なのですね.

T よく気がつきました. その通りです. その意味でこの2つは兄弟分といえるでしょう.

[練習問題]

1. 点Oで直交する2直線 OX, OYがO のまわりで回転している. OX, OY と別の定直線とで囲む三角形の面積が最小となる場合を調べよ.

2. 一定の円に内接する四角形で, 面積の最大のものは何か.

次に, 同じ面積のちがった測り方を利用する問題をあげよう.

問 3.

△ABC で, 角 A の二等分線が BC と交わる点をD とすると,

$$\frac{AB}{AC}=\frac{BD}{DC}$$

である. 面積の考えを使ってこれを証明せよ.

P これは, やったことがあります. そのときは, たしか平行線と比例の関係を使いました. こんどは面積の考えを使うのですね.

右辺の方が考えやすいと思います. これは,

$$\frac{BD}{DC}=\frac{\triangle ABD}{\triangle ACD}$$

となります. △ABD と △ACD は高さ AH が同一ですから, そこで, こんどは, これらで, AB, AC

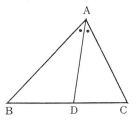

を底辺と考えればよいのでしょう．ああ，できました．

解　A から BC へ垂線 AH をひけば，

$$\triangle \text{ABD} = \frac{1}{2}\text{BD} \cdot \text{AH}$$

$$\triangle \text{ACD} = \frac{1}{2}\text{DC} \cdot \text{AH}$$

したがって，

$$\frac{\triangle \text{ABD}}{\triangle \text{ACD}} = \frac{\text{BD}}{\text{DC}} \qquad (1)$$

また，D から AB, AC へそれぞれ垂線
DP, DQ をひけば

$$\text{DP} = \text{DQ}$$

$$\triangle \text{ABD} = \frac{1}{2}\text{AB} \cdot \text{DP}, \quad \triangle \text{ACD} = \frac{1}{2}\text{AC} \cdot \text{DQ}$$

したがって，

$$\frac{\triangle \text{ABD}}{\triangle \text{ACD}} = \frac{\text{AB}}{\text{AC}} \qquad (2)$$

(1)と(2)から，　　　$$\frac{\text{AB}}{\text{AC}} = \frac{\text{BD}}{\text{DC}}$$

[練習問題]

3.　2辺の長さ1，そのなす角 2θ の二等辺三角形の面積を2通りの方法で考える
ことによって，

$$\sin 2\theta = 2\sin\theta\cos\theta$$

を証明せよ．

4.　直角の2辺の長さが a, b である直角三角形で，
直角の頂点から対辺へ下した垂線の長さを，面積
の考えを使って求めよ．

5.　△ABC の辺 BC 上に点 D があって，

$$\angle \text{BAD} = \alpha, \quad \angle \text{DAC} = \beta$$

とするとき，次の等式の成り立つことを証明せよ．

$$\frac{\text{BD}}{\text{DC}} = \frac{\text{AB}\sin\alpha}{\text{AC}\sin\beta}$$

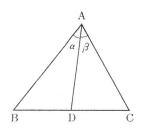

　これまで面積について述べてきたことは，体積についても考えられる．それは次のようである．

　四面体 ABCD で，4つの面の面積を

　　　$\triangle$BCD$=S_1$,　$\triangle$ACD$=S_2$,　$\triangle$ABD$=S_3$,　$\triangle$ABC$=S_4$

とし，これらに対する高さをそれぞれ h_1, h_2, h_3, h_4 とし，この四面体の体積を V とすると，

$$V=\frac{1}{3}S_1 h_1,\quad V=\frac{1}{3}S_2 h_2,\quad V=\frac{1}{3}S_3 h_3,\quad V=\frac{1}{3}S_4 h_4$$

となっている．これは，同じ体積をちがった測り方で求めていることになる．

T　これまで面積でやってきた問題を，体積で考えてごらんなさい．

P　問1でしたら，これに当ることは，

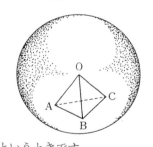

　　　中心 O の球で3つの半径 OA, OB, OC を
　　　ひいて，四面体 OABC の体積を最大にする．
ということになりますね．このとき，$\triangle$OBC
を底面と考えると，これが固定していれば OA
をこの面に垂直にしたときが体積は最大です．
また，$\triangle$OBC の面積が最大となる場合は問1
で調べましたから，結局四面体 OABC の体積
が最大となるのは，OA, OB, OC が2つずつ垂直というときです．

T　それで結構です．問2はどうにもなりませんね．問3はまたあとから考えて下さい．ここでは，練習問題の4に当るものを取上げてみましょう．

問 4.

　空間で2つずつ垂直な線分 OA, OB, OC があって，OA$=a$,
OB$=b$, OC$=c$ とする．O から平面 ABC へ下した垂線の長さを
求めよ．

P　四面体 OABC の体積は，$\triangle$OBC を底面とみれば，$\frac{1}{3}\cdot\frac{1}{2}bc\cdot a=\frac{1}{6}abc$ と
すぐにわかりますから，O から $\triangle$ABC へ下した垂線の長さを求めるには，
$\triangle$ABC の面積を求めればよいのですね．

T　そうです．その考えでやってごらんなさい．

解　四面体 OABC の体積を V とする．

△OBC を底面と考えると，

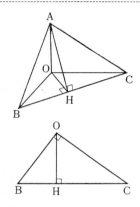

$$V=\frac{1}{3}\left(\frac{1}{2}bc\right)a=\frac{1}{6}abc$$

次に △ABC の面積を S，これに対する高さを h とすると，

$$V=\frac{1}{3}Sh$$

上の2式から，

$$Sh=\frac{1}{2}abc$$

$$h=\frac{abc}{2S} \qquad (1)$$

そこで S を求める．O から BC へ下した垂線を OH とし，△OBC の面積を2通りの方法で考えて，

$$\frac{1}{2}bc=\frac{1}{2}\sqrt{b^2+c^2}\cdot\text{OH} \quad \text{ゆえに} \quad \text{OH}=\frac{bc}{\sqrt{b^2+c^2}}$$

したがって，$\text{AH}^2=\text{OA}^2+\text{OH}^2=a^2+\dfrac{b^2c^2}{b^2+c^2}=\dfrac{a^2b^2+a^2c^2+b^2c^2}{b^2+c^2}$

ところが，OH⊥BC，OA⊥BC によって AH⊥BC となり，△ABC の面積は，

$$S=\frac{1}{2}\text{BC}\cdot\text{AH}=\frac{1}{2}\sqrt{a^2b^2+a^2c^2+b^2c^2}$$

したがって (1) から　　$h=\dfrac{abc}{\sqrt{a^2b^2+a^2c^2+b^2c^2}}$

P　ここで「OH⊥BC，OA⊥BC によって，AH⊥BC」というのは，BC が平面 OAH に垂直になるからですね．

T　そうです．このことは，

OA⊥平面 OBC，OH⊥BC だから　AH⊥BC

といってもよいのです．この形の定理を3垂線の定理といいます．

P　立体幾何は，あまりきちんとやったことがないので，どうも自信がありません．

T　それではいけません．一度しっかり学んでおいて下さい．

ここで,
$$S_1 = \triangle OBC, \quad S_2 = \triangle OCA,$$
$$S_3 = \triangle OAB$$

とおきますと,
$$S_1 = \frac{1}{2}bc, \quad S_2 = \frac{1}{2}ca, \quad S_3 = \frac{1}{2}ab$$

となって,$S = \triangle ABC$ について,
$$S^2 = S_1{}^2 + S_2{}^2 + S_3{}^2$$

となります. これは 一般に 成り立つ こと で,次のようにいえます.

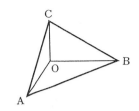

　2つずつ垂直な3つの平面があって,面積Sの平面図形のこの3つの平面への正射影の面積をS_1, S_2, S_3とすると,
$$S^2 = S_1{}^2 + S_2{}^2 + S_3{}^2 \qquad (1)$$

P　三平方定理 (ピタゴラスの定理) に似ていますね.

T　その通りです. 三平方定理に当ることを空間で考えますと,

　　3辺の長さ a, b, c の直方体の 対角線の長さをdとすると,
$$d^2 = a^2 + b^2 + c^2$$

の他に (1) が考えられるのです.

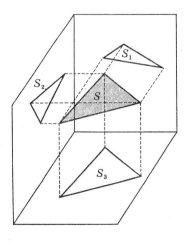

[練習問題]

6.　四面体 ABCD で,2つの面 ABC,ABD のつくる二面角を2等分する平面が,辺 CD と交わる点を P とするとき,
$$\frac{\triangle ABC}{\triangle ABD} = \frac{CP}{PD}$$

であることを証明せよ.

7.　2つの四面体 PABC,QABC の体積が等しいとき,線分 PQ については,どんなことがいえるか.

面積の加法性

面積を計算していくときの原理としては,

　　（I）　面積 S_1, S_2 の2つの図形を併せたものの面積は,　$S_1 + S_2$　に等しい

（Ⅱ）　合同な2つの図形の面積は
　　　　等しい

ということがある．これを応用する例を
考えていこう．

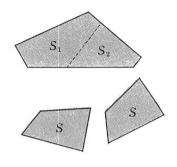

　まず，

　　　　△ABC の辺 BC 上に点 D がある
　　　　と，面積について，
　　　　　　△ABC＝△ABD＋△ADC
　　　　　　　　　　　　　　　　(1)

　とくに，△ABC で $\angle A = 90°$,
AD⊥BC のときは，

　　　　△ABC,△DAC,△DBA は相似

であって，BC＝a, CA＝b, AB＝c と
おくと上の3つの三角形の面積は

　　　　ka^2, kb^2, kc^2 (kは定数)

となって，(1)から，

　　　　　　$ka^2 = kb^2 + kc^2$

したがって，　　　　　$a^2 = b^2 + c^2$

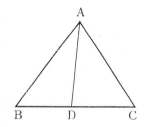

これが三平方定理の1つの証明である．

P　なるほど，そういうわけですか．もっと
　面白い例がありますか．

T　それには，次のものが著名です．

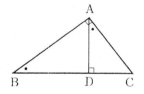

～問 5.

　大きさ120°の角 ∠XOY の2等分線を OZ とし，任意の直線が
3つの半直線 OX,OY,OZ と交わる点をそれぞれ A,B,Cとして，
OA＝a, OB＝b, OC＝c とおくと，

$$\frac{1}{a}+\frac{1}{b}=\frac{1}{c}$$

である．これを証明せよ．

解　$\triangle\mathrm{OAC}=\dfrac{1}{2}ac\sin 60°$

　　$\triangle\mathrm{OCB}=\dfrac{1}{2}bc\sin 60°$

　　$\triangle\mathrm{OAB}=\dfrac{1}{2}ab\sin 120°$

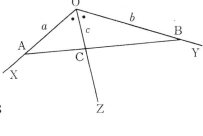

これを,

　　$\triangle\mathrm{OAC}+\triangle\mathrm{OCB}=\triangle\mathrm{OAB}$

へ代入して,

　　$\dfrac{1}{2}ac\sin 60°+\dfrac{1}{2}bc\sin 60°=\dfrac{1}{2}ab\sin 120°$

両辺を $\dfrac{1}{2}abc\sin 60°$ で割ると，$\sin 120°=\sin 60°$ により,

$$\dfrac{1}{b}+\dfrac{1}{a}=\dfrac{1}{c}$$

P　この結果の式

$$\dfrac{1}{a}+\dfrac{1}{b}=\dfrac{1}{c} \qquad (1)$$

はきれいな式ですね. このことは何か
応用があるのではありませんか.

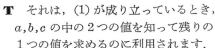

T　それは, (1) が成り立っているとき,
a,b,c の中の 2 つの値を知って残りの
1 つの値を求めるのに利用されます.
　　つまり，$\mathrm{OX},\mathrm{OY},\mathrm{OZ}$ の上に O を原点としてふつうの物さしを目盛っておく
と，これと定木でこの計算ができます.

P　(1) に当る関係は，物理の時間にならいました.

　　焦点距離が f のレンズによる像を考えるときの　$\dfrac{1}{a}+\dfrac{1}{b}=\dfrac{1}{f}$

　　導線の並列による電気抵抗の合成　$\dfrac{1}{R_1}+\dfrac{1}{R_2}=\dfrac{1}{R}$

がそうでした.

T　よく覚えていましたね.

[練習問題]

8.　次のページの図で，P,Q は合同な図形であると，斜線部分 A,B の面積は等
　しい. なぜか.

9. ∠XOY 内に半直線 OZ があって,

　　　∠XOZ$=\alpha$,　　∠ZOY$=\beta$

とする. 直線 l が 3 つの半直線 OX, OY, OZ と
交わる点を, それぞれ, A, B, C とするとき,
OA, OB, OC の長さと α, β の間の関係式を求
めよ.

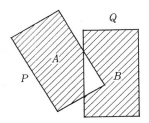

△ABC 内に点 P をとると, 面積について,

　　　△ABC$=$△PBC$+$△PCA$+$△PAB

そこで, △ABC$=S$,

　　　BC$=a$,　CA$=b$,　AB$=c$

P から辺 BC, CA, AB へ垂線をひき, その
長さを, それぞれ x, y, z とおくと,

$$S=\frac{1}{2}ax+\frac{1}{2}by+\frac{1}{2}cz$$

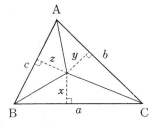

したがって,

$$ax+by+cz=2S \qquad (1)$$

これは基本的な式である.

　この式で $x=y=z(=r)$ のときは,

$$s=\frac{a+b+c}{2}\text{（周の半分）}$$

とおくと,

$$r=\frac{S}{s} \qquad (2)$$

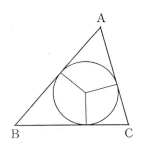

これは, △ABC の内接円の半径を求める
式である.

　また, $a=b=c$ のときは,

$$x+y+z=\frac{2S}{a}$$

これは,

　　正三角形の内部の任意の点から, 3 辺
　　へ下した垂線の長さの和は一定である

$$\qquad\qquad (3)$$

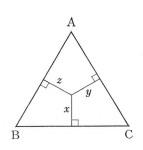

といえる.

P　(2) と (3) が同じ式 (1) から導かれるとは，今まで意識しませんでした.

T　それでは，こんどはこれを空間の場合に考えてみましょう.

～～～　問 6.　～～～

　　上の (1) (2) (3) に当ることを，空間図形の体積について 考えて
みよ.

P　平面の上の三角形に 当るものは，空間では四面体ですね. そこで，四面体
ABCD を考えて体積を V とし，その中の任意の点を P としますと ABCD が
4つの四面体 PBCD, PACD, PABD, PABC に分れます. それらの体積を
V_1, V_2, V_3, V_4 とすると，

$$V = V_1 + V_2 + V_3 + V_4 \qquad\qquad (4)$$

そこで V_1, V_2, V_3, V_4 を考えるのですね.

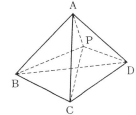

T　そうです. そこで，平面上での

　　（三角形の面積）＝（底辺の長さ）×（高さ）÷2

に当るものは，

　　（四面体の体積）＝（底面積）×（高さ）÷3

ですから，これを使います.

P　$\triangle BCD = a$, $\triangle ACD = b$, $\triangle ABD = c$, $\triangle ABC = d$ とおき，P から各面へ下
した垂線の長さをそれぞれ x, y, z, u とおくと，

$$V_1 = \frac{1}{3}ax, \qquad V_2 = \frac{1}{3}by, \qquad V_3 = \frac{1}{3}cz, \qquad V_4 = \frac{1}{3}du$$

これを (4) に入れた式から，

$$ax + by + cz + du = 3V$$

これが (1) に当るものです.

T　そうです. そこで (2)(3) を考えてごらんなさい.

P　$x = y = z = u$ のときは，P はこの四面体の内接球の中心です. x はこの球の
半径ですから r とおくと，

$$r = \frac{3V}{a + b + c + d} \qquad\qquad (5)$$

これが (2) に当る式です.

　　次に，$a = b = c = d$ とおくと，

$$x + y + z + u = \frac{3V}{a} \qquad\qquad (6)$$

これが (3) に当るもので，次のようにいえます.

4つの面の面積の等しい四面体で，その中の任意の点から4つの面へいたる距離の和は一定である.

ということになります.

T そこで，'4つの面の面積の等しい四面体' というのが何だかわかりますか.

P 正四面体ではありませんか.

T 正四面体では確かにそうですが，それ以外にもあるのです.

P そうですか. 是非教えて下さい.

T 鋭角三角形 $A_1A_2A_3$ を作って，辺 A_2A_3, A_3A_1, A_1A_2 の中点を，それぞれ B,C,D とし，これらを結ぶと $\triangle A_1A_2A_3$ が4つの合同な三角形に分れます. この図を展開図にもつ四面体 ABCD を考えてごらんなさい.

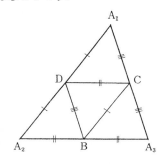

P なるほど，4つの面が合同ですから，確かに面積は等しいですね. ここで，この展開図から四面体が ほんとうに 出来る のでしょうね.

T そのために，$\triangle A_1A_2A_3$ が鋭角三角形という保証が要るのです.

P この四面体は面白そうですね. 名前はあるのですか.

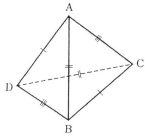

T 等面四面体といいます. この四面体では，重心,外心,内心が一致するのです.

P ところで，4つの面の面積が等しい四面体は，等面四面体の他にはないのですか.

T そうです. ありません. 証明はやさしくはありません. 余程ひまができたら考えてごらんなさい.

10. 四面体で，内部の任意の点から4つの面へ下した垂線の長さの和がつねに一定のとき，この四面体の4つの面の面積は等しいといってよいか.

11. OA,OB,OC が2つずつ垂直な3つの線分で，それらの長さが，それぞれ，a,b,c であるとする. $\triangle ABC$ の中の任意の点 P から，平面 OBC,OCA,OAB へ下した垂線の長さを，それぞれ，x,y,z とするとき，
$$\frac{x}{a}+\frac{y}{b}+\frac{z}{c}=1$$

であることを証明せよ.

12. 等面四面体 ABCD で，辺 AB, CD の中点を，それぞれ，M, N とし，線分 MN の中点を O とするとき，O はこの四面体の重心，外心，内心のどれにもなっている．これを証明せよ.

長さの加法性

これまで面積や体積の加法性を扱ってきたが，もっと素朴なものとして直線上の線分の長さの加法性がある．それは，

線分 AB 上に点 C があると，長さについて，

$$AB = AC + CB \tag{1}$$

ということである.

P こんなことは当り前です．それをことごとく持出して，何か意味があるのですか.

T まあ，そういわないで少しやってみましょう．次の問題は簡単ですが，ちょっとやってごらんなさい.

~~~ 問 7. ~~~

円 O の直径を AB とし，その上の任意の点を C とする．円 O の面積を S とし，AC, CB を直径とする円の面積をそれぞれ S_1, S_2 とするとき，S, S_1, S_2 の間に，どんな等式が成り立つか.

P 不等式なら $S > S_1 + S_2$ で問題ありませんが等式というとどうなるのかな.

T 円のことですから，半径を考えてごらんなさい.

P そうですね．この 3 つの円の半径を r, r_1, r_2

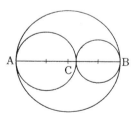

としますと，

$$S = \pi r^2, \quad S_1 = \pi r_1^2, \quad S_2 = \pi r_2^2 \tag{2}$$

そして，AB $= 2r$，AC $= 2r_1$，CB $= 2r_2$

ここで，AB $=$ AC $+$ CB だから，$2r = 2r_1 + 2r_2$

つまり，$r = r_1 + r_2 \tag{3}$

(2) と (3) から r, r_1, r_2 を消去すればよいわけです.

(2) から，$r = \sqrt{\dfrac{S}{\pi}}$，$r_1 = \sqrt{\dfrac{S_1}{\pi}}$，$r_2 = \sqrt{\dfrac{S_2}{\pi}}$

これらを (3) に代入して $\sqrt{\pi}$ を掛けると,

$$\sqrt{S}=\sqrt{S_1}+\sqrt{S_2}$$

T　それで結構です. 結局もとになったのは (1) ですよ.

P　この場合, 3つの円の周を, それぞれ, L, L_1, L_2 とすると,

$$L=L_1+L_2$$

ということもいえますね.

T　もちろんそうです. しかし, それではあなたにはやさしすぎるでしょう.

[練習問題]

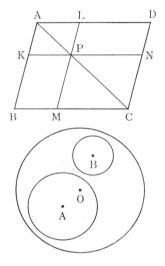

13. 平行四辺形 ABCD の対角線 AC 上の点 P を通って辺に平行な直線を右の図のようにひく. 3つの平行四辺形 ABCD, AKPL, PMCN の面積を, それぞれ, S, S_1, S_2 とするとき, それらの間に, どんな等式が成り立つか.

14. 問7に当ることを, 空間で球について考えると, どうなるか.

15. 円 O の中に2つの円 A, B があって, 円 A と円 B はたがいに他の外にあるとする.

　この3つの円の周の長さを l, a, b とするとき,

$$l\geqq a+b$$

であることを証明せよ.

　また, 等号の成り立つ場合を調べよ.

次に, 線分の長さの加法性 (1) を巧妙に利用する問題を示そう.

　　問 8.

　2つの円 A, B が外接しているとき, 共通外接線 ST の長さをこれらの円の半径 a, b で表わせ. また, この結果を使って, この2つの円の弧と ST で囲まれた部分にあって, 2円に外接し, ST に接する円 C の半径を求めよ.

P　前半はやさしそうですね. とにかくやってみます.

51

解 A から BT へ下した垂線の足
を R とすると，

$$ST^2 = AR^2 = AB^2 - BR^2$$
$$= (a+b)^2 - (a-b)^2$$
$$= 4ab$$

したがって， $ST = 2\sqrt{ab}$

次に，円 C の半径を c とし，こ

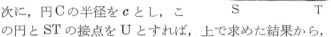

の円と ST の接点を U とすれば，上で求めた結果から，

$$ST = 2\sqrt{ab}, \qquad SU = 2\sqrt{ac}, \qquad UT = 2\sqrt{bc}$$

これを， $\qquad ST = SU + UT$

へ代入して， $\qquad 2\sqrt{ab} = 2\sqrt{ac} + 2\sqrt{bc}$

これから， $\qquad \sqrt{c} = \dfrac{\sqrt{ab}}{\sqrt{a} + \sqrt{b}}$

したがって， $\qquad c = \dfrac{ab}{(\sqrt{a} + \sqrt{b})^2}$

T 大変よくできました．これで結構です．

P 前半が出たら，後半はすらっとできました．それというのも，線分の長さの
加法性を使うのだということが頭にあったからだと思います．これがなかった
ら，そうすらすらとはいかなかったでしょう．

T ところで，この結果の式ですが，実は，

$$\frac{1}{\sqrt{c}} = \frac{1}{\sqrt{a}} + \frac{1}{\sqrt{b}} \qquad\qquad (4)$$

とかくと，きれいな形になります．この形にしますと，円 A,C の弧と SU に
接する円の半径 r_1 については，

$$\frac{1}{\sqrt{r_1}} = \frac{1}{\sqrt{a}} + \frac{1}{\sqrt{c}}$$

これと (4) から，

$$\frac{1}{\sqrt{r_1}} = \frac{2}{\sqrt{a}} + \frac{1}{\sqrt{b}}$$

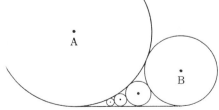

となります．

P この調子でもっと先へ進めます
ね．この円と円Aの弧に接し，STに接する円の半径を r_2 とすると，

$$\frac{1}{\sqrt{r_2}}=\frac{1}{\sqrt{a}}+\frac{1}{\sqrt{r_1}}=\frac{3}{\sqrt{a}}+\frac{1}{\sqrt{b}}$$

これを n 回繰返してできる円の半径を r_n とすると,

$$\frac{1}{\sqrt{r_n}}=\frac{n+1}{\sqrt{a}}+\frac{1}{\sqrt{b}}$$

となります. なかなかおもしろいですね.

　線分の長さの加法性を使って, 無限等比級数の和の公式

　　$|r|<1$ のとき,

$$a+ar+ar^2+\cdots+ar^{n-1}+\cdots=\frac{a}{1-r} \tag{1}$$

を証明することができる. $a>0$, $b>0$ の場合についてこれを示そう.

　次の図で, $O, O_1, O_2, \cdots\cdots$ は1直線上, $\triangle AOA_1$, $\triangle A_1O_1A_2$,
$\triangle A_2O_2A_3$, $\cdots\cdots$ は直角二等辺三角形とし,

$$OA=a, \qquad O_1A_1=ar$$

とする.

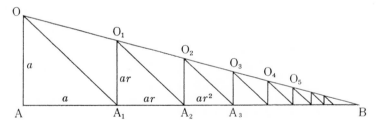

　このとき,

$$\frac{A_2A_3}{A_1A_2}=\frac{O_1O_2}{OO_1}=\frac{A_1A_2}{AA_1}=\frac{O_1A_1}{OA}=\frac{r}{1}=r$$

$A_1A_2=O_1A_1=ar$ だから, $\qquad A_2A_3=ar^2$

同じようにして, $\qquad A_3A_4=rA_2A_3=ar^3, \cdots\cdots$

そこで, 直線 OO_1 と直線 AA_1 の交点を B とすると,

$$\frac{A_1B}{AB}=\frac{O_1A_1}{OA}=r, \qquad AA_1=a$$

によって, $\qquad\qquad \dfrac{AB-a}{AB}=r, \qquad AB=\dfrac{a}{1-r}$

　他方, $\qquad\qquad AB=AA_1+A_1A_2+A_2A_3+\cdots\cdots(無限) \tag{2}$

だから (1) が示されたことになる．

P　なるほど，きれいに出ますね．しかし，図形のことをいろいろ使っていますね．初歩的なことばかりですが．

T　その通りです．(1) の証明としては，ふつうの やり方の方が ずっと 簡明です．ですから，ここのお話は (1) の証明というより (1) を図で示したといったほうがよいかもしれません．

P　$r < 0$ の場合もこのように考えられますか．

T　それは別に問題はありません．右の図のようにすれば，上のことと同じようです．ただ，

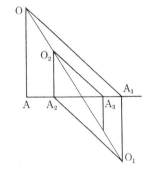

$$AB = AA_1 - A_1A_2 + A_2A_3 - \cdots\cdots$$

というようになるだけです．

P　ところで先生，(2) は無数に多くの線分の長さについての加法性ですね．これも成り立つわけですね．

T　そうです．しかし，実は無数に多くを扱うときは，注意の要るところがあります．それは，無数といっても

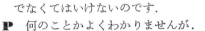

自然数と1対1に対応する無数

でなくてはいけないのです．

P　何のことかよくわかりませんが．

T　等しく無数といっても，自然数の全体と1対1に対応する

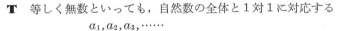

$$a_1, a_2, a_3, \cdots\cdots$$

のような無数と，そうでない無数とがあって，(2) の成り立つのは，前者の無数なのです．この無数のことを，可附番とか可算というのです．

P　この無数というのはわかりますが，そうでない無数というのは，実際にあるのですか．

T　実は実数全体の無数は可算ではないのです．

P　どうしてですか．

T　今日はこうしたことに深入りするひまはないので，またいずれゆっくりお話しします．ただ，これだけいっておきましょう．それは，

線分は，無数に多くの点からできていて，1つ1つの点の長さは0であるが，その集まりの長さは0でない

ということです．

P　なるほど，長さ0のものが集っていて，しかも長さが0でないというのです

ね．こうしたことは，数学で大切なことなのでしょうか．

T　大切も大切，先へ進むと最も大切なことの１つです．こうしたことを扱う学問を測度論（measure theory）といって，積分の理論がその上に打立てられるのです．

これまで，面積,体積,直線上の線分の長さについていろいろな測り方を考えてきたが，こうしたことは積分でも考えられる．定積分というのは，もともと面積と関連の深いものであるから，これは当然のことといえよう．

問 9.

$$\int_0^1 \frac{1-x^n}{1-x}dx = \int_{-1}^0 \frac{(1+t)^n-1}{t}dt \qquad （n \text{ は自然数}）$$

の成り立つことを証明し，これから次の等式を導け．

$$1+\frac{1}{2}+\frac{1}{3}+\cdots+\frac{1}{n} = {}_nC_1 - \frac{1}{2}{}_nC_2 + \cdots + (-1)^{n+1}\frac{1}{n}{}_nC_n$$

P　同じ積分を２つのちがった方法で計算するというわけですか．なるほど，同じもののちがった測り方ですね．やさしそうです．やってみます．

解　$x=t+1$ とおくと，$dx=dt$

$x=0$ には $t=-1$，$x=1$ には $t=0$ が対応する．

したがって，

$$\int_0^1 \frac{1-x^n}{1-x}dx = \int_{-1}^0 \frac{(1+t)^n-1}{t}dt \tag{1}$$

ここで，左辺の積分は，

$$\int_0^1 \frac{1-x^n}{1-x}dx = \int_0^1 (1+x+x^2+\cdots+x^{n-1})dx$$

$$= \left[x+\frac{x^2}{2}+\frac{x^3}{3}+\cdots+\frac{x^n}{n}\right]_0^1$$

$$= 1+\frac{1}{2}+\frac{1}{3}+\cdots+\frac{1}{n} \tag{2}$$

また，右辺の積分は，

$$\int_{-1}^0 \frac{(1+t)^n-1}{t}dt = \int_{-1}^0 ({}_nC_1+{}_nC_2 t+{}_nC_3 t^2+\cdots+{}_nC_n t^{n-1})dt$$

$$= \left[{}_n\mathrm{C}_1 t + \frac{1}{2}{}_n\mathrm{C}_2 t + \frac{1}{3}{}_n\mathrm{C}_3 t^2 + \cdots + \frac{1}{n}{}_n\mathrm{C}_n t^n \right]_{-1}^0$$

$$= {}_n\mathrm{C}_1 - \frac{1}{2}{}_n\mathrm{C}_2 + \frac{1}{3}{}_n\mathrm{C}_3 - \cdots + (-1)^{n+1}\frac{1}{n}{}_n\mathrm{C}_n \quad (3)$$

(1) によって (2) と (3) は等しい.

T　その通りです. 結局,

$$\frac{a^n - b^n}{a - b} = a^{n-1} + a^{n-2}b + a^{n-1}b^2 + \cdots + b^{n-1} \quad (1)$$

$$(a+b)^n = {}_n\mathrm{C}_0 a^n + {}_n\mathrm{C}_1 a^{n-1}b + {}_n\mathrm{C}_2 a^{n-2}b^2 + \cdots + {}_n\mathrm{C}_n b^n \quad (2)$$

を使っているわけですね. このことは,

$$\frac{d}{dx}x^n = nx^{n-1}$$

の証明でも出てきます. (1) を使うと,

$$\frac{d}{dx}x^n = \lim_{z \to x}\frac{z^n - x^n}{z - x} = \lim_{z \to x}(z^{n-1} + z^{n-2}x + \cdots + x^{n-1}) = nx^{n-1}$$

(2) を使うと,

$$\frac{d}{dx}x^n = \lim_{h \to 0}\frac{(x+h)^n - x^n}{h} = \lim_{h \to 0}({}_n\mathrm{C}_0 x^{n-1} + {}_n\mathrm{C}_1 x^{n-2}h + \cdots) = nx^{n-1}$$

となります.

P　なるほど, そういうわけですか. 私たちはあとのやり方で学びました. 問9のようなおもしろい例をもっと教えて頂けませんか.

T　もともと, 定積分での変数の変換は, すべて

与えられたものに対して, ちがった測り方をする

というものです. しかし, 問9のような例であなた方にお話できるものは先生もそう多く知りません. 先へ進んで2つの変数 x, y をもった関数 $f(x, y)$ の積分では, 積分順序の変更といって,

$$\int \left(\int f(x, y)dx \right)dy = \int \left(\int f(x, y)dy \right)dx$$

といったことが出てきますが, その面白い応用は山ほどあるのです.

P　先の楽しみというわけですね.

T　それより, あなた方は, 面積の公式を $\int y\, dx$ という形で使うときと,

$\int x\, dy$ という形で使うときとがあることは知っていますね. 次の図ですと, 斜線の部分の面積は,

$$S=\int_a^b y\,dx$$

で求めてもよいし，

$$S=bd-ac-\int_c^d x\,dy$$

で求めてもよいわけで，これも同じもののちがっ
た測り方です．

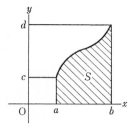

4
系　列

1から2へ，2から3へ，3から4へと発展的に
考えていくことは，ものごとの考察において基本的
である．そうしたことから，全体のようすを知り，
一般法則を見抜くことは重要であり興味深いことで
ある．

数列というのは，

$$1,3,5,7,\cdots \qquad や \qquad \frac{1}{2},\frac{2}{3},\frac{3}{4},\frac{4}{5},\cdots$$

などのように，ある規則で1列に並んだ数の集まりである．また，

正3角形，正4角形，正5角形，正6角形，…

というのは，図形の系列である．

n が自然数のとき，$x^n+\dfrac{1}{x^n}$ は $y=x+\dfrac{1}{x}$ の整式として表わさ
れる．

というのは，$n=1,2,3,\cdots$ として考えると，命題の系列となる．こうし
たいろいろなものの系列について考えていくことにしよう．

―― 問 1. ――
　AB$=a$，BC$=b\,(a>b)$ の長方形の紙 ABCD を2つに切って同
じ大きさの 2つの長方形を作って，これらが ABCD と同じ形（相
似）になるようにすることができるだろうか．また，こうしたこと
は，どこまでも続けられるだろうか．

P　これはやさしそうです．ABCD を真2つに切ったそれぞれが もとのものに

相似というのですから，AB の方を 2 等分するわけ
ですね．そうしますと，2 辺の長さ $\frac{a}{2}$, b の長方形
が 2 つできて，これらが ABCD に相似だというの
ですから，

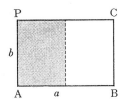

$$\frac{b}{a}=\frac{\frac{a}{2}}{b}\quad これから\quad a=\sqrt{2}\,b$$

つまり，2 辺の長さの比が $\sqrt{2}:1$ です．

T　それでは，このことが続けられますか．

P　半分にすると，2 辺の長さが b, $\frac{a}{2}=\frac{b}{\sqrt{2}}$ となり，
当然，比はやはり $\sqrt{2}:1$ ですから，いつまでも続
けられます．

T　そうです．ガマの油売りの口上(こうじょう)ではないが，1 枚が 2 枚，2 枚
が 4 枚，4 枚が 8 枚，8 枚が 16 枚，…となって，いつも同じ形というわけです．
ふつう，あなたがたの使う半紙の大きさは，そのようになっているのです．

P　なるほど，そうですか．手近いところのことを知りませんでした．

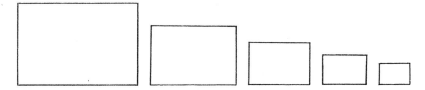

[練習問題]

1.　$AB=a$, $BC=b$ $(a>b)$ である長方形
ABCD から AD を 1 辺とする正方形を取
除いてできる長方形が ABCD と相似にな
ることがあるか．

　　また，その場合，こうしたことはどこま
で続けられるか．

2.　正 n 角形の各辺の中点をつぎつぎと結ぶ
と，また n 角形ができる．この操作を続け
ていくとき，周と面積はどのように変わっ
ていくか．

3.　立方体の各面の中心を頂点とする多面体

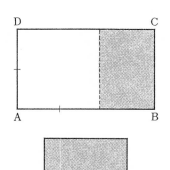

を作ると，どんな多面体ができるか．また，こうしたことを繰返すと，どんなことがいえるか．

はじめの立体の代わりに直方体を考えると，どうか．

数　　　列

系列的なものの考察の中心となるのは数列であって，その中で最も基礎的なものが等差数列と等比数列である．ここではもっと素朴なものから考えていくことにする．

問 2.

$a_1=\sqrt{5}$ のとき，a_1 からその整数部分を引いたもの（小数部分）の逆数を a_2 とし，a_2 の小数部分の逆数を a_3,… としていくとき，$a_1, a_2, a_3, \cdots$ はどんな数列となるか．

P これもやさしそうです．$a_1=\sqrt{5}=2.2\cdots$ ですから a_1 の小数部分は $a_1-2=\sqrt{5}-2$ で，その逆数は，

$$a_2=\frac{1}{\sqrt{5}-2}=\frac{\sqrt{5}+2}{(\sqrt{5}-2)(\sqrt{5}+2)}=\sqrt{5}+2$$

$a_2=\sqrt{5}+2=4.2\cdots$ の小数部分は $a_2-4=\sqrt{5}-2$ で，その逆数は

$$a_3=\frac{1}{\sqrt{5}-2}=\sqrt{5}+2$$

何のことはない，$a_2=a_3=a_4=\cdots$ ですね．

T そうです．この問2の解はそれで終りです．実は，これに関連したことをお話しようというのです．$a_2, a_3, \cdots$ の作り方は，

$$a_2=\frac{1}{a_1-2}, \quad a_3=\frac{1}{a_2-4}, \quad a_4=\frac{1}{a_3-4}, \quad \cdots$$

これを書きかえて，

$$a_1=2+\frac{1}{a_2}, \quad a_2=4+\frac{1}{a_3}, \quad a_3=4+\frac{1}{a_4}, \quad \cdots$$

$a_1=\sqrt{5}$ だから，

$$\sqrt{5}=2+\frac{1}{a_2}=2+\cfrac{1}{4+\cfrac{1}{a_3}}=2+\cfrac{1}{4+\cfrac{1}{4+\cfrac{1}{a_4}}}=\cdots \qquad (1)$$

というようになり，このことを

$$\sqrt{5}=2+\cfrac{1}{4+\cfrac{1}{4+\cdots}}=2+\frac{1}{4}+\frac{1}{4}+\frac{1}{4}+\cdots$$

というように書きます. 一般に, 整数でない正の数は, このような形に書くことが出来ます. これは連分数といって応用の広いものです.

P　面白そうなことですね.

T　(1) の各項から,

$$c_1=2, \quad c_2=2+\frac{1}{4}=\frac{9}{4}, \quad c_3=2+\cfrac{1}{4+\cfrac{1}{4}}=\frac{38}{17}, \quad \cdots$$

を作ると, これは $\sqrt{5}$ に収束する数列になっています. これを連分数による $\sqrt{5}$ の近似分数といいます. 一般に,

　　正の無理数 x について, 近似分数 $c_n=\dfrac{q_n}{p_n}$ $(n=1,2,\cdots)$ を作ると,

$$\left| x-\frac{q_n}{p_n} \right| < \frac{1}{{p_n}^2}$$

となることがわかっています. 詳しいことは残念ですが, お話しするわけにはいきません. しかし, こうしたことがあることは知っていてもよいでしょう.

[練習問題]

4.　正数 $a_1=x$ について, a_1 の小数部分の逆数を a_2, a_2 の小数部分の逆数を $a_3,\cdots$ として数列 $a_1,a_2,\cdots$ を作っていくとき, x が有理数であればこの数列は有限数列となる. 次の各場合についてこれを確かめよ.

　　　　(1)　$x=1.3$　　　　　　(2)　$x=\dfrac{35}{58}$

5.　次の各数を連分数で表わし, それからおのおのについて近似分数を4個ずつ作れ.

　　　　(1)　$\sqrt{3}$　　　　　　(2)　$\sqrt{5}$

問 3.

　　長さ a の線分からその $\dfrac{1}{2^2}$ を取去り, その残りから残りの $\dfrac{1}{3^2}$ を取去り, その残りから残りの $\dfrac{1}{4^2}$ を取去る. こうしたことを続けていくと, 残った長さはどうなっていくか.

P　やってみます. まず, はじめの操作で残った長さは,

$$l_1=\left(1-\frac{1}{2^2}\right)a$$

次に, 残った長さ l_1 の $\dfrac{1}{3^2}$ を取去るのですから

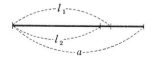

残った長さは,

$$l_2 = \left(1 - \frac{1}{3^2}\right)l_1 = \left(1 - \frac{1}{2^2}\right)\left(1 - \frac{1}{3^2}\right)a$$

こうしたことを繰返して, n 回の操作のあとで残った長さを l_n としますと,

$$l_n = \left(1 - \frac{1}{2^2}\right)\left(1 - \frac{1}{3^2}\right)\cdots\left(1 - \frac{1}{(n+1)^2}\right)a$$

これが簡単になるのでしょうね.

T そうです. 考えてごらんなさい.

P うっかり展開できませんね. そうです, 各因数を通分してみます.

$$l_n = \frac{2^2-1}{2^2}\ \frac{3^2-1}{3^2}\cdots\frac{(n+1)^2-1}{(n+1)^2}a$$

これで, 分子を因数分解すればよいでしょう.

$$l_n = \frac{1\cdot3}{2^2}\ \frac{2\cdot4}{3^2}\cdots\frac{n(n+2)}{(n+1)^2}a$$

これで約分が出来ます. 終りの方はていねいにやらないといけませんね.

$$l_n = \frac{1\cdot3}{2^2}\ \frac{2\cdot4}{3^2}\ \frac{3\cdot5}{4^2}\cdots\frac{(n-2)n}{(n-1)^2}\ \frac{(n-1)(n+1)}{n^2}\ \frac{n(n+2)}{(n+1)^2}a$$

すっかり約せて,

$$l_n = \frac{1}{2}\cdot\frac{n+2}{n+1}a$$

したがって, l_n はこの法則で順に減っていって, 極限を考えれば,

$$\lim_{n\leftarrow\infty} l_n = \frac{a}{2}$$

これだけ残ってくるのですね.

T よくできました. ここに出てきた

$$\left(1 - \frac{1}{2^2}\right)\left(1 - \frac{1}{3^2}\right)\cdots\left(1 - \frac{1}{n^2}\right)\cdots\cdots \qquad （無限）$$

のようなものを無限積といいます.

P 無限級数は和で, これは積なのですね.

T その通りです. 無限級数のことは, 無限等比級数の和をはじめとして, いろいろのことがありますが, 今日は止めておきます.

[練習問題]

6. 長さ a の線分からその $\frac{1}{2}$ を取り去り, その残りから残りの $\frac{1}{3}$ を取り去り, その残りから残りの $\frac{1}{4}$ を取り去る. こうしたことを続けていくと, 残った長さはどうなっていくか.

7.　$a_k = \cos\dfrac{\alpha}{2^k}$ $(k=1,2,3,\cdots)$ のとき，$b_n = a_1 a_2 \cdots a_n$ とおいて，$b_n \sin\dfrac{\alpha}{2^n}$ を簡単にし，$\displaystyle\lim_{n\to\infty} b_n$ を求めよ．

漸化式できまる数列

初項 a，公差 d の等差数列 $\{x_n\}$ は，

$$x_1 = a, \qquad x_{n+1} = x_n + d \quad (n=1,2,3,\cdots)$$

によってきまり，初項 a，公比 r の等比数列 $\{x_n\}$ は，

$$x_1 = a, \qquad x_{n+1} = r x_n \quad (n=1,2,3,\cdots)$$

によってきまる．

一般に，$\qquad x_{n+1} = f(x_n) \qquad (n=1,2,3,\cdots)$ 　　　　　　(1)

によって，x_1 から出発して x_2，x_3，$\cdots$ と順にきまってできる数列が漸化式 (1) によってきまる数列である．こうしたもので簡単なものを調べてみよう．

――――　問 4.　――――

　$x_{n+1} = a x_n + b$ $(n=1,2,\cdots)$ のとき，x_k を a, b, x_1, k で表わせ．

P　この問題は，やったことがあります．次のようです．

┌──┐

解 1.　$x_2 = a x_1 + b$

$\qquad x_3 = a x_2 + b = a(a x_1 + b) + b = a^2 x_1 + ab + b$

$\qquad x_4 = a x_3 + b = a(a^2 x_1 + ab + b) + b = a^3 x_1 + a^2 b + ab + b$

このようにして一般に，

$\qquad x_k = a^{k-1} x_1 + a^{k-2} b + a^{k-3} b + \cdots + ab + b$

したがって，

$\qquad a \neq 1$ のとき，$\qquad x_k = a^{k-1} x_1 + \dfrac{a^{k-1}-1}{a-1} b$

$\qquad a = 1$ のとき，$\qquad x_k = x_1 + (k-1)b$

└──┘

T　それで結構です．一般の場合の式

$$x_k = a^{k-1} x_1 + a^{k-2} b + a^{k-3} b + \cdots + ab + b$$

の成り立つことは，厳密にいうと数学的帰納法によって証明することになるわけですが，これでよろしいでしょう．

ところで，次のような解もあります．

解2. $a=1$ のときは，$x_{n+1}=x_n+b$ $(n=1,2,\cdots)$ により，
$$x_k=x_1+(k-1)b$$
$a\neq1$ のときは，　　$c=ac+b$ 　　　　　　　　　(1)
となる c がある．それは，
$$c=\frac{b}{1-a}$$
$x_{n+1}=ax_n+b$ と (1) の差を作って，
$$x_{n+1}-c=a(x_n-c)$$
これを繰返し使って，　　$x_k-c=a^{k-1}(x_1-c)$
したがって，　　$x_k=a^{k-1}x_1+c(1-a^{k-1})=a^{k-1}x_1+\dfrac{1-a^{k-1}}{1-a}b$

P 　解2もすっきりしていますね．c のことをどうして思いついたのですか．

T 　それは，x_n から x_{n+1} をきめる手続きを，
$$x'=ax+b$$
による変換 $x \to x'$ と考えて，この変換で変わらない数 c に目をつけたのです．
そして，$k\to\infty$ として考えますと，
$$|a|<1 \text{ のとき} \qquad \lim_{k\to\infty}x_k=c$$
となります．

P 　c は変換で変わらない数で，これをもとにして考えているのですね．

T 　そうです．ところで，ここの話を図解して考えると大変わかりやすいのです．それは次のようです．

2つの直線
$$y=ax+b \quad (a\neq1), \qquad y=x$$
をかくと，

$$c=\frac{b}{1-a}$$

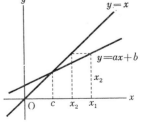

はこの2つの直線の交点の x 座標に当ります．
そして，x_1 から x_2 へ移るには，次のようにします．x 軸上の点 $(x_1,0)$ から y 軸に平行な
直線をひき，直線 $y=ax+b$ との交点を作るとその座標が (x_1,x_2)，この点を通って x 軸に平行な直線をひいて，直線 $y=x$ と交わる点を作ると (x_2,x_2) となって，そこから x 軸へひいた垂線の足が点 $(x_2,0)$ です．

P わかりました．この操作を繰返すと $(x_2,0)$ から $(x_3,0)$ へ，$(x_3,0)$ から $(x_4,0)$ へといって結局，

$$\lim_{n \to \infty} x_n = c = \frac{b}{1-a}$$

となるのですね．

T いや，それには $|a|<1$ という条件が要ります．$|a|\geqq 1$ のときは，次に示すように，そうはいきません．

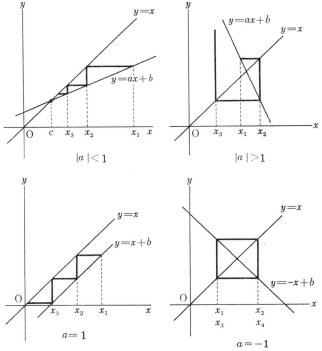

P この方法ですと，$f(x)$ が 1 次式でない場合にも，

$$x_{k+1} = f(x_k) \qquad (k=1,2,3,\cdots)$$

できまる数列 x_n の極限が求められるのではありませんか．直線 $y=ax+b$ の代わりに，$y=f(x)$ のグラフをかいても同じように考えられます．

T そうです．よいところへ気がつきました．しかし，極限は出ますが，一般項 x_n を求めることは，一般にはできません．こうしたことは，あとからゆっくりお話しすることにして，ちょっと次のことを考えて下さい．

この問題の,
$$x_{n+1}=ax_n+b \text{ のとき, } x_k \text{ を } a,b,x_1,k \text{ で表わす}$$
というのと,
$$x_{n+1}=2x_n+3, \quad x_1=1 \text{ のとき, } x_k \text{ を } k \text{ で表わす}$$
という問題とでは,どちらの方がやさしいと思いますか.

P もちろんあとの方です.これは,はじめの問題で,
$$a=2, \quad b=3, \quad x_1=1$$
とおいた特別な場合ですから.

T それはそうですが,もしはじめから何も知らないであとの問題をやったらふつうどうやるでしょうか.

P なるほど,それでしたら,
$$x_1=1, \quad x_2=2x_1+3=2+3=5, \quad x_3=2x_2+3=10+3=13,$$
$$x_4=2x_3+4=26+4=30, \cdots$$
というようにやるでしょう.これですと一般項は見出しにくくなります.

P そうでしょう.だから,何も知らないでこの問題をやると,ふつうの人にとっては,
特殊な場合の方が考えにくい
ということになるのです.こういうことも,時折あるのです.

[練習問題]

8. $x_{k+1}=1-\dfrac{1}{2}x_k \ (k=1,2,3,\cdots)$, $x_1=1$ のとき,x_n を求めよ.

9. $f_1(x)=ax+b$, $f_{k+1}(x)=f_1(f_k(x)) \ (k=1,2,\cdots)$ のとき,$f_n(x)=x$ であるという.次の各場合について,$f_1(x)$ を求めよ.

    (1) a,b が実数のとき   (2) a,b が複素数のとき

10. A桶には $a\%$ の食塩水が $1\,\mathrm{kg}$, B桶には $b\%$ の食塩水 $1\,\mathrm{kg}$ が入っている.Aから $p\,\mathrm{g}$ をとってBに入れ,よく混ぜて $p\,\mathrm{g}$ をAへ戻す.このような操作を1回とみて,これを n 回繰返すと,A桶の中の食塩水は何%になるか.

11. $\triangle A_1B_1C_1$ の3つの外角の二等分線でできる三角形を $\triangle A_2B_2C_2$ とする.A_2 が $\angle B_1A_1C_1$ 内の頂点とするとき,$\angle A_2$ を $\angle A_1$ で表わせ.

また,同じような操作で $\triangle A_2B_2C_2$ から $\triangle A_3B_3C_3$, $\triangle A_3B_3C_3$ から $\triangle A_4B_4C_4$, $\cdots$ と作っていくとき,$\triangle A_nB_nC_n$ の各角は $60°$ に近づいていくことを示せ.

12. $a_{n+1}=2\sqrt{a_n}$ $(n=1,2,3,\cdots)$, $a_1=10$ のとき, a_n を求め, $\displaystyle\lim_{n\to\infty} a_n$ を計算せよ.

問 5.

$x_{n+1}=\dfrac{3x_n+2}{x_n+4}$ $(n=1,2,3,\cdots)$ のとき, x_k を x_1 と k で表わせ.

P これは難しそうですね. $x_2, x_3, \cdots$ と順に求めていくのですか.

T それでできないこともありませんが,

$$x'=\frac{3x+2}{x+4}$$

による写像 $x\to x'$ でそれ自身へ移る数を求めてみるのがよいでしょう.

P それを α としますと,

$$\alpha=\frac{3\alpha+2}{\alpha+4}$$

から, $\qquad \alpha(\alpha+4)=3\alpha+2.\qquad (\alpha-1)(\alpha+2)=0$

となって, $\qquad \alpha=1, \qquad \alpha=-2$

$$x'-1=\frac{3x+2}{x+4}-1=\frac{2(x-1)}{x+4}, \qquad x'+2=\frac{3x+2}{x+4}+2=\frac{5(x+2)}{x+4}$$

これから, $\qquad \dfrac{x'-1}{x'+2}=\dfrac{2}{5}\dfrac{x-1}{x+2}$

これで見当がつきました.

T そうです. これからやってごらんなさい.

P 上のことから,

$$\frac{x_{n+1}-1}{x_{n+1}+2}=\frac{2}{5}\frac{x_n-1}{x_n+2}$$

これを繰返し使って, $\qquad \dfrac{x_k-1}{x_k+2}=\left(\dfrac{2}{5}\right)^{k-1}\dfrac{x_1-1}{x_1+2}$

これを x_k について解いて,

$$x_k=\frac{5^{k-1}(x_1+2)+2^k(x_1-1)}{5^{k-1}(x_1+2)-2^{k-1}(x_1-1)} \tag{1}$$

T それで結構です. ついでに, $\displaystyle\lim_{k\to\infty} x_k$ を求めてごらんなさい.

P (1) から,

$$x_k=\frac{x_1+2+(2/5)^{k-1}\cdot 2(x_1-1)}{x_1+2-(2/5)^{k-1}(x_1-1)}$$

$k\to\infty$ としますと, $(2/5)^{k-1}\to 0$ となって極限は $\dfrac{x_1+2}{x_1+2}=1$ です.

T $x_1+2=0$ のときは，そうなりません．このときは，つねに $x_k=-2$ で極限 ももちろん -2 です．

P そうしますと，$\lim_{k\to\infty} x_k$ は，$x_1 \neq -2$ のとき 1，$x_1=-2$ のとき -2 ですね．

[練習問題]

13. $x_{n+1}=\dfrac{1}{x_n+1}$ $(n=1,2,3\cdots)$, $x_1=1$ のとき，x_k を求めよ．また，$\lim_{k\to\infty} x_k$ を求めよ．

━━ 問 6. ━━

$x_{n+1}=\sqrt{x_n+2}$ $(n=1,2,3,\cdots)$ のとき，次の各場合について x_k を a,k で表わし，$\lim_{k\to\infty} x_k$ を求めよ．

(1) $x_1=a+\dfrac{1}{a}$ $(a>0)$

(2) $x_1=2\cos a$ $\left(\dfrac{\pi}{2}>a>0\right)$

P $x_2, x_3, \cdots$ を順に求めていけばよいわけですね．(1)からやります．

$x_1=a+\dfrac{1}{a}$ を $x_2=\sqrt{x_1+2}$ に代入して，

$$x_2=\sqrt{a+a^{-1}+2}=\sqrt{a^{-1}(a+1)^2}=a^{-\frac{1}{2}}(a+1)=a^{\frac{1}{2}}+a^{-\frac{1}{2}}$$

これで見当がつきます．$x_1=a+a^{-1}$ から $x_2=a^{\frac{1}{2}}+a^{-\frac{1}{2}}$ が出たのですから，同じように，

$$x_3=a^{\frac{1}{4}}+a^{-\frac{1}{4}}, \qquad \text{これからまた，} \qquad x_4=a^{\frac{1}{8}}+a^{-\frac{1}{8}}$$

というようになって，

$$x_k=a^p+a^{-p} \qquad \left(p=\dfrac{1}{2^{k-1}}\right)$$

したがって，$$\lim_{k\to\infty} x_k=1+1=2$$

T よくできました．(2)の方も同じようにいきます．やって下さい．

P $x_1=2\cos a$ $\left(\dfrac{\pi}{2}>a>0\right)$ を $x_2=\sqrt{x_1+2}$ に代入して，

$$x_2=\sqrt{2\cos a+2}=\sqrt{4\cos^2\dfrac{a}{2}}=2\cos\dfrac{a}{2}$$

したがってまた，$x_3=2\cos\dfrac{a}{4}$

これを繰返して，$x_k=2\cos pa$ $\left(p=\dfrac{1}{2^{k-1}}\right)$

これから、$\displaystyle \lim_{k\to\infty} x_k = 2\cos 0 = 2$

T　それで結構です. 結局これで, $x_1 \geqq 2$, $2 > x_1 > 0$ の場合, つまり $x_1 > 0$ の場合に $\displaystyle \lim_{k\to\infty} x_k = 2$ が出たわけです.

P　ところで先生, この場合は一般項 x_k がきれいに出ましたが, こうしたことはいつでもうまくいくのでしょうか.

T　いや, そうではありません. 実は,

$$x_{n+1} = \sqrt{x_n + c}$$

でも, 一般項 x_k がきれいに表わせるのは, $c = 0$, $c = \pm 2$ といった場合に限るのです.

P　$\displaystyle \lim_{k\to\infty} x_k$ を求める問題はどうですか.

T　x_k が x_1, k で表わせるときは, 極限も出ますが, そうでなくても極限は求められます. それは次のようです.

問 7.

　　$f(\alpha) = \alpha$ となる α と $0 < k < 1$ である定数 k とがあって,

$$|x - \alpha| \leqq |x_1 - \alpha| \text{ である } x \text{ に対し,} \quad |f'(x)| < k$$

となっているとする. このとき,

$$x_{n+1} = f(x_n) \qquad (n = 1, 2, 3, \cdots)$$

できまる数列 $\{x_n\}$ について,

$$\lim_{n\to\infty} x_n = \alpha$$

P　なかなか難しそうですね.

T　前に, $y = f(x)$, $y = x$ のグラフについての考察を $f(x) = ax + b$ の場合にやりました. これを考えてごらんなさい.

P　右の図のようにして, $(x_2, 0)$, $(x_3, 0)$, $\cdots$ がきまります. これで大体のようすはわかりました. 証明はこれからですね.

T　そうです. $x_n - \alpha$ を考えてごらんなさい. ここで, $x_n = f(x_{n-1})$, $\alpha = f(\alpha)$ を使うのです.

P　$x_n - \alpha = f(x_{n-1}) - f(\alpha)$ ですね. これからどうすればよいのかな. (暫く考えて) 平均値の定理というのがありました. これを使ったらどうですか.

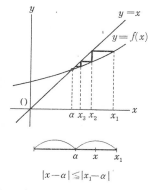

$|x - \alpha| \leqq |x_1 - \alpha|$

T そうです，そうです．それでやってごらんなさい．

P $x_n - \alpha = (x_{n-1} - \alpha) f'(c)$ （c は x_{n-1} と α の間の数）

これから， $|x_n - \alpha| = |x_{n-1} - \alpha| \, |f'(c)|$

ここで $|f'(x)| < k$ を使って，

$$|x_n - \alpha| \leqq |x_{n-1} - \alpha| \cdot k \tag{1}$$

これを繰返して， $|x_n - \alpha| \leqq k^{n-1} |x_1 - \alpha|$

$0 < k < 1$ によって $\lim\limits_{n \to \infty} k^n = 0$ だから，

$$\lim_{n \to \infty} |x_n - \alpha| = 0, \qquad \text{したがって} \quad \lim_{n \to \infty} x_n = \alpha$$

これでできました．

T 大体のことはそれでよいのですが，

$$|x - \alpha| \leqq |x_1 - \alpha| \quad \text{で} \quad |f'(x)| < k$$

という条件の使い方がはっきりしていません．つまり，上の証明で c がこの区間にあることが押えてないのです．c はわからない値ですから，

$x_2, \ x_3, \ \cdots, \ x_n, \ \cdots$ がつねに区間 $|x - \alpha| \leqq |x_1 - \alpha|$
に入っている

ことを証明すればよいのです．

P これは，数学的帰納法でやれますね．

$|x_{n-1} - \alpha| \leqq |x_1 - \alpha|$ とすると，(1) によって

$|x_n - \alpha| \leqq |x_{n-1} - \alpha|$ となって $|x_n - \alpha| \leqq |x_1 - \alpha|$

これでよいのではありませんか．

T それで結構です．まとめて下さい．

P そうします．

解 まず， $|x_n - \alpha| \leqq |x_1 - \alpha|$ $(n = 1, 2, 3, \cdots)$ (1)

であることを，数学的帰納法によって証明する．

$n = 1$ のときは正しい．

$n = r$ のとき正しいとすると， $|x_r - \alpha| \leqq |x_1 - \alpha|$

平均値の定理によって，

$$x_{r+1} - \alpha = f(x_r) - f(\alpha) = (x_r - \alpha) f'(c)$$

（c は x_r と α の間の値）

となって，$|f'(x)| < k$ によって，

$$|x_{r+1} - \alpha| \leqq |x_r - \alpha| \cdot k \leqq |x_r - \alpha| \leqq |x_1 - \alpha|$$

これで (1) がわかった．

このとき，上の計算から，
$$|x_n-\alpha|\leqq k|x_{n-1}-\alpha|$$
これを繰返して，　　$|x_n-\alpha|\leqq k^{n-1}|x_1-\alpha|$
$\displaystyle\lim_{n\to\infty}k^{n-1}=0$ によって，　　　　$\displaystyle\lim_{n\to\infty}x_n=\alpha$

P　随分一般的なことが成り立つわけですね. もっともグラフから考えると，別に不思議はありませんが.

T　　　　$x_{n+1}=\sqrt{x_n+1}$,　　$x_1>0$
の場合について考えてごらんなさい.

P　$f(x)=\sqrt{x+1}$ としますと，　$f'(x)=\dfrac{1}{2}\dfrac{1}{\sqrt{x+1}}$

$x>0$ では，つねに，$0<f'(x)<\dfrac{1}{2}$

$f(\alpha)=\alpha$ となる α は，　　　$\sqrt{\alpha+1}=\alpha$ から，
$$\alpha+1=\alpha^2,\quad \alpha^2-\alpha-1=0,\quad \alpha=\frac{1}{2}(1\pm\sqrt{5})$$

$\alpha>0$ だから，　　　　　　　　$\alpha=\dfrac{1}{2}(1+\sqrt{5})$

問 7 の条件が成り立っているわけですから，　　$\displaystyle\lim_{n\to\infty}x_n=\dfrac{1}{2}(1+\sqrt{5})$

場合の数と数列

集合 U の中に 2 つの部分集合 A,B があるとき，U の要素が
　　A に属するかどうか　　　　　B に属するかどうか

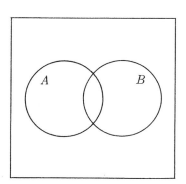

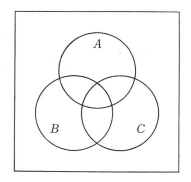

ということで，U が 4 つの部分集合

$$A \cap B, \quad \overline{A} \cap B, \quad A \cap \overline{B}, \quad \overline{A} \cap \overline{B}$$

に分割される．このことは，ベン図によって明快に示される．

　また，3 つの部分集合 A, B, C があるときは，それらのおのおのに属するか属さないかによって 8 つの場合に分かれ，これもまたベン図で表わされる．

　このことが，4 つ以上の集合についても成りたつかどうかを考えてみよう．U の n 個の部分集合 $A_1, A_2, \cdots, A_n$ について，U の要素がこれらのそれぞれに含まれるかどうかを考えると，

$$2 \times 2 \times \cdots \times 2 = 2^n \ 個$$

の場合がある．つまり，U はこの立場で 2^n 個の部分集合に分割される．そこで次の問題を考えてみよう．

ーー 問 8.
　　平面上に n 個の円 $c_1, c_2, \cdots, c_n$ があってどの 2 つも交わり，どの 3 つも 1 点を通ることはないとき，これらの円によって平面はいくつの領域に分割されるか．

P どうも一挙に考えてもわかりそうもありませんから，順に考えてみます．まず，$n=1$ のときは c_1 の内と外の 2 つの領域，$n=2,3$ のときははじめに伺ったようにそれぞれ 4, 8 個の領域に分かれます．

$$2^1 = 2, \quad 2^2 = 4, \quad 2^3 = 8$$

ですから，n 個のときは 2^n となってよさそうですが，それがわからないのですね．

T その通りです．それが問題なのです．円の数を順に増やして考えてごらんなさい．

P 円を 4 つにします．すでに c_1, c_2, c_3 で 8 つに分かれていますから，この 3 つのどれにも交わる c_4 を作ると，領域がいくつふえるかを考えます．そうしますと，今まで 1 つだった領域が 2 つに分れるところが 6 つ出来ます．ですから，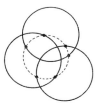

$$8 + 6 = 14$$

となって $2^4 = 16$ にはなりませんね．

T その要領で考えればよいのです．もっとも，その場合，領域の増える数につ

いて，その理由もはっきりいって下さい．

P　（暫く考えて）出来ました．次のようです．

解　一般に条件に合った k 個の円によって平面が $f(k)$ 個の領域に分かれるとする．この k 個の円 $c_1, c_2, \cdots, c_k$ へ条件に合うもう 1 つの円 c_{k+1} をつけ加えると，平面は $f(k+1)$ 個の領域に分かれることになる．c_{k+1} は $c_1, \cdots, c_k$ のどれとも交わり，またそれらの円の交点を通ることはないから，c_{k+1} と $c_1, \cdots, c_k$ の交点は $2k$ 個で，これによって c_{k+1} は $2k$ 個の円弧に分かれる．これらの円弧がどれも今まで 1 つであった領域を 2 つに分けるのだから，

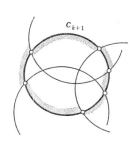

$$f(k+1) = f(k) + 2k$$

また，$f(1) = 2$ だから，

$$f(n) = f(n-1) + 2(n-1) = f(n-2) + 2(n-2) + 2(n-1)$$
$$= \cdots = f(1) + 2 + 4 + 6 + \cdots 2(n-1)$$
$$= 2 + 2 \cdot \frac{1}{2} n(n-1)$$

となって，　　　　　$$f(n) = n^2 - n + 2$$

P　$f(n) = n^2 - n + 2$ ですと，$f(1) = 2$, $f(2) = 4$, $f(3) = 8$ で，$n = 1, 2, 3$ のときに限って $f(n) = 2^n$ となるのですね．これは驚きました．

T　これが n 個の円で分け得る領域の数の最大限です．

P　ところで，ちょっと疑問が出てきました．問8のように，どの 2 つも交わる n 個の円というのがいつでもかけるのでしょうか．$n = 4$ まで実際に書いたわけですが．

T　大変鋭い質問ですね．こんなふうにいえば説明できます．もっと簡単にいくかもしれませんがね．もともとこの問題は，球面をその上にかいた n 個の円で領域に分けることと同じなのです．理由はすぐあとからお話します．球面上でしたら，どの 3 つも 1 点で交わらない n 個の大円(中心を通る平面での切り口)を作ればよいのです．2 つの大円は必ず交っています．

P　どの 3 つも 1 点を通らないようにできますか．大丈夫とは思いますが確認し

たいのです.

T ３つの大円が１点で交わるというのは，大円の平
面に垂直な３つの直径が同一平面上にないことです.
だから，n 本の直径をひいて，どの３つも同一平面
上にないようにすればよいのです. これなら容易に
できるでしょう. 順にそのように作っていけばよい
のですから.

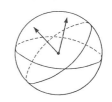

P そこで，球面から平面へ移るのにはどうすればよ
いのですか.

T それには，中心Oの球面の上で n 個の大円のどれ
の上にもない点Nをとって，この点から球面をNO
に垂直な平面の上へ投影すればよいのです. これは
極投影と呼ばれるもので，このときは，Nを通らな
い円は平面上でも円になって出てきます. 証明は，
初等幾何でも出来ますし，空間の座標を使っても出
来ます. 直角座標を使えば，球面を

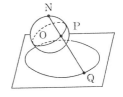

$$x^2+y^2+z^2=z,$$

点 N を $(0,0,1)$ にとって，Nと球面上の点 P (x,y,z) を結ぶ直線が平面 $z=0$
と交わる点を Q $(X,Y,0)$ とすると，

$$x=\frac{X}{X^2+Y^2+1} \qquad y=\frac{Y}{X^2+Y^2+1} \qquad z=\frac{X^2+Y^2}{X^2+Y^2+1}$$

これから証明できます.

P ところで先生，これまでにも，

平面の上の問題をやったとき，類似の問題を空間で考えてみる

ということをやりましたが，この場合はどうですか. 円に当るものは，当然球
面だと思うのですが.

T そうです. 次のような問題になるでしょう.

空間に n 個の球面があって，どの３つも１点で交わり，どの４つも１点を
共有しないとき，これらの球面によって空間はいくつの領域に分割される
か.

P 難しそうですね. 図を頭の中で考えるだけでも，めんどうです.

T 順を追って考えれば，それほどのことはありません. まず求める数を $g(n)$
としますと，$g(1)=2$ です. そこで，すでに $k-1$ 個の球面があるとして，k
番目の球面を作ると $g(k)$ 個の部分になるわけです. $g(k-1)$ から $g(k)$ へ移
るとき，いくつ増えるか考えてごらんなさい.

P はじめの問題を解いたのと同じような考え方ですね．それですと，k 番目の球面を S としますと，S はこれまでの $k-1$ 個の球面と $k-1$ 個の円で交わります．ああ，わかりました．これで S は上で求めた $f(n)=n^2-n+2$ によって，

$$f(k-1)=(k-1)^2-(k-1)+2=(k-1)(k-2)+2$$

の部分に分かれ，空間の分割数もこれだけ増すわけです．つまり

$$g(k)=g(k-1)+f(k-1)=g(k-1)+(k-1)(k-2)+2 \quad (1)$$

です．

T その通りです．しかし，その場合，条件をもっとていねいに考える必要があります．

P そうでした．まず，S の上にほんとうに $k-1$ 本の円ができることは，S とそれまでの $k-1$ 個の球面とが交わることですが，これは

　　　どの3つの球面も1点で交わる　　　　　　　　　　　　　　　　　　　(2)

ことから出ます．

T それはなぜですか．

P もし，2つの球面が交わらないとすると，これともう1つの球面について (2) が成り立たないからです．それからこの条件から，

　　　S 上のどの2つの円も交わる

ことも出てきます．また，

　　　S 上のどの3つの円も1点で交わることはない

というのは，

　　　4つの球面が1点で交わることはない

ということから出ます．

T それで結構です．では (1) から $g(n)$ を求めて下さい．ここでは，

$$1\cdot2+2\cdot3+3\cdot4+\cdots+n(n+1)=\frac{1}{3}n(n+1)(n+2)$$

という公式を使うと便利です．

P これは，$k(k+1)(k+2)-(k-1)k(k+1)=3k(k+1)$ という式からすぐ出るのでしたね．(1) を繰返し使って，

$$g(n)=g(n-1)+f(n-1)=g(n-2)+f(n-2)+f(n-1)=\cdots$$
$$=g(1)+f(1)+f(2)+\cdots+f(n-1)$$
$$=2+2+(1\cdot2+2)+(2\cdot3+2)+\cdots+((n-2)(n-1)+2)$$
$$=1\cdot2+2\cdot3+\cdots+(n-2)(n-1)+2n$$
$$=\frac{1}{3}(n-2)(n-1)n+2n$$

こうして, $$g(n)=\frac{1}{3}n(n^2-3n+8)$$

となります.

[練習問題]

14. (1) 平面上にn個の直線があって, どの2つも交わり, どの3つも1点を共有しないとき, これらの直線によって平面はいくつの領域に分けられるか.

(2) 空間にn個の平面があって, どの3つも1線で交わり, どの4つも1点で交わることがないとすると, これらの平面によって空間はいくつの領域に分けられるか.

15. (1) 図のA_nのように, 2行にならんだn個の枠(わく)があって, これに1からnまでの自然数を1つずつ次の方法で入れる.

(a) 同じ行では, 左の数より右の数の方が大きい.

(b) 同じ列(縦のならび)では, 上の数より下の数の方が大きい.

このような数の入れ方は, 全部で何通りあるか.

(2) 図のB_nのようなn個の枠に, 1からnまでの自然数を上の(a), (b)の方法で1つずつ入れる方法の数を, (1)の結果を使って求めよ.

(3) 図のC_nのようなn個のわくについて, (1), (2)と同様のことを考えよ.

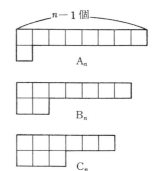

3 進法の応用

$1g, 2g, 4g, \cdots, 2^{n-1}g$ の分銅が1つずつあると, 天秤(てんびん)によって, $1g$から2^n-1gまでが$1g$おきにすべて計れることは, よく知られている. たとえば, $27g$は,

$$27=2^4+2^3+2+1$$

となっているから, $16g, 8g, 2g, 1g$の分銅で間に合う. これは, 27を2進法で表わすと,

1g 2g 4g 8g 16g

$$1\ 1\ 0\ 1$$

となることに当る．ここで，1のところの分銅は使い，0のところの分銅は使わないわけである．

次に，天秤で物体の方の皿へも分銅をのせてよいことにすると，

$$1\,\mathrm{g},\quad 3\,\mathrm{g},\quad 3^2\mathrm{g},\quad 3^3\mathrm{g},\quad \cdots$$

といった分銅で1gから順に計れる．それは，

$$2=3-1,\quad 3=3,\quad 4=3+1,$$
$$5=3^2-3-1,\quad 6=3^2-3,\quad \cdots$$

というようになるからである．これによって
たとえば5gを計るのには，

　　　物体の皿へ　3gと1g

　　　反対の皿へ　3^2g

1g 3g 9g 27g 81g

をおけばよい．そこで，これがいつでも可能であることの証明を問題としよう．

～～ 問 9.

　　1g, 3g, 3^2g, $\cdots$, 3^{n-1}g の分銅があるとき，物体の皿へも分銅をおくことをゆるすと，天秤で1gから $\dfrac{3^n-1}{2}$g までが1gおきに計れる．これを証明せよ．

P　結局，$1\leqq N\leqq \dfrac{3^n-1}{2}$ である自然数 N は，必ず

$$N=c_{n-1}3^{n-1}+c_{n-2}3^{n-2}+\cdots+c_1 3+c_0$$

　　　　（$c_{n-1},c_{n-2},\cdots,c_1,c_0$ は$-1,0,1$ のどれかの数）

と表わせることを証明すればよいのですね．3進法と似ていますが，3進法なら係数が $0,1,2$ です．

T　だから，ちょっとくふうをすればよいでしょう．

P　3進法に結びつければよいのですね．（暫く考えて）ああ，わかりました．

　　　　$c_{n-1},c_{n-2},\cdots,c_1,c_0$ のおのおのに1を加える

ことによって，$-1,0,1$は$0,1,2$に変わります．

T　そうです．それでやれます．やって下さい．

P　やってみます．

解 N は $1 \leqq N \leqq \dfrac{3^n-1}{2}$ である自然数とし,

$$N+(1+3+3^2+\cdots+3^{n-1})=N+\frac{3^n-1}{2}$$

を作ると,$N \leqq 3^n-1$ である.これを 3 進法で表わして,

$$N+\frac{3^n-1}{2}=a_{n-1}3^{n-1}+a_{n-2}3^{n-2}+\cdots+a_1 3+a_0$$

$$(a_{n-1}, a_{n-2}, \cdots a_1, a_0 \text{ は } 0,1,2)$$

とし,両辺から $\dfrac{3^n-1}{2}=3^{n-1}+3^{n-2}+\cdots+3+1$ を引くと,

$$N=(a_{n-1}-1)3^{n-1}+(a_{n-2}-1)3^{n-2}+\cdots+(a_1-1)3+(a_0-1)$$

ここで,$a_{n-1}-1,\ a_{n-2}-1,\ \cdots,\ a_1-1,\ a_0-1$ は $-1,0,1$ のどれか
である.この係数が -1 のときの 3^kg の分銅は物体の 皿へのせ,
係数が 1 のときの 3^lg は物体と反対の皿へのせれば,N g が計れる
ことになる.

P これは,実際に N g を計る方法を与えているわけですね.

T そうです.$N=98$ としてやってごらんなさい.

P まず,$N \leqq \dfrac{3^n-1}{2}$ となる最小の n を求めなければなりませんね.この式は,

$2N+1 \leqq 3^n$ ですから,$N=98$ とおいて,$197 \leqq 3^n$.そこで,$n=5$ とします.

$$98+\frac{3^5-1}{2}=98+121=219$$

これを 3 進法で表わして,

$$219=2\cdot 3^4+2\cdot 3^3+0\cdot 3^2+1\cdot 3+0$$

その両辺から,

$$121=3^4+3^3+3^2+3+1$$

をひいて,　　$98=1\cdot 3^4+1\cdot 3^3+(-1)\cdot 3^2-1$

それで,3^4g と 3^3g を物体の反対側の 皿にのせ,3^2g と 1 g を物体の皿へのせ
れば,98 g が計れることになります.

```
3) 2 1 9  …0
3) 7 3    …1
3) 2 4    …0
3) 8      …2
   2
```

[練習問題]

16. 問 9 の方法で,次の重さを計る方法をいえ.

    (1)　17 g　　　　　(2)　52 g　　　　　(3)　130 g

数学的帰納法

次に，命題の系列を考えてみよう．

たとえば，続いた2つの奇数の積

$$1 \cdot 3 = 3, \quad 3 \cdot 5 = 15, \quad 5 \cdot 7 = 35, \cdots$$

を考えると，これらは，

$$3 = 4 - 1, \quad 15 = 16 - 1, \quad 35 = 36 - 1, \cdots$$

というように平方数から1を引いたものになっている．つまり，

　　　続いた2つの奇数の積は，平方数から1を引いたものである

ということになる．これは，続いた2つの奇数を $2n-1$, $2n+1$ で表わすと，

$$(2n-1)(2n+1) = (2n)^2 - 1$$

となってすぐわかることである．この命題は $n = 1, 2, \cdots$ について成り立つわけで，命題の系列といえる．

　少し進んだ命題の系列には，数学的帰納法を用いて証明されるものが多い．まず，次の問題を考えよう．

問 10.

　ちがった n 個の実数の中には，最も大きいものがある．これを証明せよ．

P　こんなことを証明しなければいけないのですか．当りまえだと思いますが．

T　そうもいえません．考えて下さい．

P　だって，大きい順に並べればすぐわかるでしょう．

T　どうして大きい順に並べるのですか．それは，最も大きいものがあることが基本になるでしょう．

P　なるほど，そうですね．それでは，数学的帰納法で考えてみます．

解　$n = 1$ のときは，数は1つだけだから命題は正しい．

　　$n = k$ のとき正しいとする．つまり，

　　　　k 個のちがった実数の中で最も大きいものがある

　　そこで，$k+1$ 個のちがった実数

$$a_1, a_2, \cdots, a_k, a_{k+1}$$

　　を考える．a_{k+1} が $a_1, \cdots, a_k$ のどれよりも大きければ，それです

む.そうでなければ，帰納法の仮定によって，$a_1,\cdots,a_k$ の中に最大数があるから，これを a_i とし，a_i と a_{k+1} の大きい方をとれば，これは $a_1,\cdots,a_{k+1}$ の中で最も大きい.

P 大変すっきりしました.

― 問 11. ―

次の等式を証明せよ.

$$1-\frac{1}{2}+\frac{1}{3}-\cdots+\frac{1}{2n-1}-\frac{1}{2n}=\frac{1}{n+1}+\frac{1}{n+2}+\cdots+\frac{1}{2n}$$

P 面白い式ですね.

T $n=k$ から $n=k+1$ へ移るところを気をつけてやって下さい.

P まず $n=1$ のときは，左辺$=1-\frac{1}{2}=\frac{1}{2}$，右辺$=\frac{1}{2}$ で正しい.

$n=k$ のとき成り立つとすると，

$$1-\frac{1}{2}+\frac{1}{3}-\cdots+\frac{1}{2k-1}-\frac{1}{2k}=\frac{1}{k+1}+\frac{1}{k+2}+\cdots+\frac{1}{2k} \qquad (1)$$

k が1つ増えるということは，左辺でいうと $\frac{1}{2k+1}-\frac{1}{2k+2}$ がつけ加わることですから，これを両辺へ加えてみますと，右辺の方は，

$$\frac{1}{k+1}+\frac{1}{k+2}+\cdots+\frac{1}{2k}+\frac{1}{2k+1}-\frac{1}{2k+2}$$

第1項と最後の項をまとめると，

$$\frac{1}{k+2}+\cdots+\frac{1}{2k}+\frac{1}{2k+1}+\frac{1}{2k+2}$$

となって，これは (1) の右辺で k を $k+1$ とおいたものです.

これでできました. この辺が面白いですね.

T よくできました.

[練習問題]

17. n 個のちがった実数の中には，最も小さいものがあることを証明せよ.

18. 次の等式を証明せよ.

$$1\cdot2+2\cdot3+3\cdot4+\cdots+n(n+1)=\frac{1}{3}n(n+1)(n+2)$$

19. $0<a<1$，n が自然数のとき，

$$(1-a)^n>1-na$$

であることを証明せよ.

20. n が自然数のとき，次の数も自然数であることを証明せよ．

    (1) $\dfrac{n^3}{3}+\dfrac{n^2}{2}+\dfrac{n}{6}$ (2) $\dfrac{n^5}{5}+\dfrac{n^3}{3}+\dfrac{n^2}{2}-\dfrac{n}{30}$

問 12.

  n が自然数のとき，$x^n+\dfrac{1}{x^n}$ は $x+\dfrac{1}{x}$ の整式として表わされることを証明せよ．

P $t=x+\dfrac{1}{x}$ とおきますと，

$$x^2+\frac{1}{x^2}=\left(x+\frac{1}{x}\right)^2-2=t^2-2$$

$$x^3+\frac{1}{x^3}=\left(x+\frac{1}{x}\right)^3-3\left(x+\frac{1}{x}\right)=t^3-3t$$

$$x^4+\frac{1}{x^4}=\left(x^2+\frac{1}{x^2}\right)^2-2=(t^2-2)^2-2=t^4-4t^2+2$$

というわけですね．一般に証明するのだから，数学的帰納法で考えます．
$n=1$ はよいから，$n=k$ のとき正しいとすると，

$$x^k+\frac{1}{x^k}=P_k(t) \quad (t \text{ の整式})$$

そこで，$n=k+1$ のときを考えて，

$$x^{k+1}+\frac{1}{x^{k+1}}=\left(x+\frac{1}{x}\right)\left(x^k+\frac{1}{x^k}\right)-\left(x^{k-1}+\frac{1}{x^{k-1}}\right)$$

としますと，右辺のはじめの項は $tP_k(t)$ でよいのですが，あとの項がもう1つ前へもどってしまいます．困りました．

T   いや困ることはありません．これも仮定しておけばよいのです．

P   なるほど，そういうわけですか．その代わりはじめも2つ $n=1,2$ を確めておかねばなりませんね．

T   そうです．しかし，$n=0$ からやってもよいのです．

解 $n=0$ のときは $x^0+\dfrac{1}{x^0}=2$，$n=1$ のときは $x+\dfrac{1}{x}=t$ で，ともにもとの命題は正しい．

$n=k-1$，$n=k \ (k\geqq1)$ のとき正しいとすると，$x^{k-1}+\dfrac{1}{x^{k-1}}$，

$x^k+\dfrac{1}{x^k}$ が t の整式となり，したがって

$$x^{k+1}+\frac{1}{x^{k+1}}=\left(x+\frac{1}{x}\right)\left(x^k+\frac{1}{x^k}\right)-\left(x^{k-1}+\frac{1}{x^{k-1}}\right)$$

も t の整式となって，命題は $n=k+1$ のときも正しい.

したがって，数学的帰納法によって命題はつねに正しい.

P ここでは，

(i) $n=0$, $n=1$ のとき正しい.

(ii) $n=k$, $n=k+1$ のとき正しいとすると，$n=k+2$ のとき正しい

ということからやったわけですね.

T そうです．しかし，これも，自然数 n をふくんだ命題を $A(n)$ として，

$A(n)$, $A(n+1)$ の成り立つことを $B(n)$

としますと，ふつうの形，

$B(0)$ が正しい， $B(n)$ が正しければ $B(n+1)$ が正しい

となるのです．この他に，

(i) $A(1)$ が正しい.

(ii) $A(1),A(2),\cdots,A(n)$ が正しければ，$A(n+1)$ も正しい

という形でやることもあります．このときも，

$A(1),A(2),\cdots,A(n)$ の成り立つことを $B(n)$

とすれば，ふつうの形の帰納法になります.

[練習問題]

21. n が自然数のとき，x^n+y^n は $p=x+y$, $q=xy$ の整式として表わされることを証明せよ.

22. n が自然数のとき，$\cos nx$, $\frac{\sin nx}{\sin x}$ はともに $\cos x$ の整式であることを証明せよ.

5

写像としての1次関数

これまで，関数といえば，その値の変化が興味の中心であり，これが微積分へ発展していくのであった．関数を写像としてとらえるときは，もっとちがった面での考察が入ってくる．変換という観点もその1つである．

1次関数　　　　$f(x)=ax+b$　$(a \neq 0)$

について，基本のことはよく知られている．ここでは，写像という見地からいくつかの問題を扱ってみよう．

この関数は，数の集合 M（またはその部分集合）から M への写像

$$x \to ax+b$$

である．この場合，ふつうは M は実数の集合であるが，複素数の集合で考えることもある．また，あとからは，M がベクトルの集合である場合にも触れる．ここでは，一応，実数の集合として考えていこう．

1次関数の中で，簡単なものは，

$$f_1(x)=ax, \qquad f_2(x)=x+b$$

で，$f(x)=ax+b$ は，$f_1(x)$ に $f_2(x)$ を重ねてできる合成関数

$$f_2(f_1(x)), \quad \text{つまり} \quad x \to ax \to ax+b$$

になっている．このことを

$$f=f_2 \circ f_1$$

ともかく．

P f, f_1, f_2 というのは，写像そのもの，つまり，

$$x \to ax+b, \quad x \to ax, \quad x \to x+b$$

を表わすのでしたね.

T そうです. 対応を表わす記号です. $f(x)$ は前から使っていましたが, f が単独に使われるようになったのは新しいことです.

いま, 関数 $f_1 : x \to ax$ において, $y = ax$ とおき,
$$x_1 \to y_1, \quad x_2 \to y_2$$
とすると, $y_1 = ax_1$, $y_2 = ax_2$ だから,
$$\frac{y_1}{y_2} = \frac{x_1}{x_2} \tag{1}$$
また, $f_2 : x \to x + b$ においては, $x_1 \to y_1$, $x_2 \to y_2$ とすると
$$y_1 - y_2 = x_1 - x_2 \tag{2}$$
となっている.

そこで, 一般の1次関数 $f : x \to ax + b$ で,
$$x_1 \to y_1, \quad x_2 \to y_2, \quad x_3 \to y_3$$
とすると,
$$y_1 = ax_1 + b, \quad y_2 = ax_2 + b, \quad y_3 = ax_3 + b$$
で, これらの式から,
$$\frac{y_1 - y_3}{y_2 - y_3} = \frac{x_1 - x_3}{x_2 - x_3}$$
となっていることがわかる. これは, (1)(2) からも導かれる.

P これはやさしいことです. グラフからいっても右の図のようにしてわかります.

T そうです. そこで, 逆にこの性質から1次関数をとらえようというのです. それは次のようです.

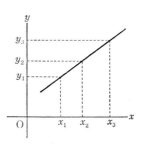

問 1.

関数 $y = f(x)$ で, x_1, x_2, x_3 をちがった任意の数とし,
$$x_1 \to y_1, \quad x_2 \to y_2, \quad x_3 \to y_3$$
とするとき, つねに
$$\frac{x_1 - x_3}{x_2 - x_3} = \frac{y_1 - y_3}{y_2 - y_3}$$
であるという. $f(x)$ は1次関数であるといってよいか.

P 何だか難しそうですね.

T いや,そんなことはありません.見かけがいかめしいだけです.

P そうでしょうか. x_1, x_2, x_3 が任意と,3つとも動くのでは考えにくい.

T それだから,いくつかは止めて考えてごらんなさい.

P ああそうでしたか. x_2, x_3 を定めてみますと y_2, y_3 も定まります.それで x_1 を動かして考えればよいですね. $x_1 = x$, $y_1 = y$ とおくと,

$$\frac{x - x_3}{x_2 - x_3} = \frac{y - y_3}{y_2 - y_3}, \quad \text{したがって} \quad y = \frac{y_2 - y_3}{x_2 - x_3}(x - x_3) + y_3$$

形は複雑ですが,確かに1次関数です.

T '確かに' とはいえません.この形では $y_2 = y_3$ のときは定数です.

P しかし,問題の中で $y_2 - y_3$ が分母にありますから, $y_2 = y_3$ のことは考えないでよいのではありませんか.

T それは,その通りです.ですから, $f(x)$ は x の1次関数といってよいことになります.

P それにしてもこの問題は,わかればあっけないのですが,

x_2, x_3, y_2, y_3 は定める, $x_1 = x$, $y_1 = y$ は変化させる

という考えは,やはり難しいですよ.

T そうでしょうか.数学ではよく出てくるふつうのことだと思うのですがね.たとえば,

n 個の点があって,どの3つも1直線上にあれば,すべてが1直線上にある

ということを証明してごらんなさい.

P これなら,その中の2つを固定して考えると他の点はすべてこの2点を通る直線上にあることになります.ごく自然です.

T そうでしょう.問1もこれと同じことです.

[練習問題]

1. 関数 $f : x \to y$ があって, x_1, x_2 は任意, $x_1 \to y_1$, $x_2 \to y_2$ のとき, $\dfrac{x_1}{x_2} = \dfrac{y_1}{y_2}$ となっているとする. $x \to y$ は正比例の関係といえるか.

2. 関数 $f : x \to y$ があって, x_1, x_2 は任意, $x_1 \to y_1$, $x_2 \to y_2$ のとき, $x_1 - x_2 = y_1 - y_2$ となっているとすれば, f はどんな関数か.

3. n 個の点があって,そのうちのどの4つも同一円周上にあるとき,これらの点はすべて同一円周上にあるといってよいか.

1次関数 $\qquad f(x)=ax+b \qquad (a \neq 0)$

の全体を考えて，その中で合成関数や逆関数を作ってみよう．まず，

$$f_1(x)=ax+b, \quad f_2(x)=cx+d \qquad (a \neq 0, c \neq 0)$$

とすると，

$$f_2(f_1(x))=c(ax+b)+d=acx+(bc+d) \qquad (ac \neq 0)$$

となるから，

2つの1次関数を合成したものは，やはり1次関数である

といえる．また，

$$y=ax+b \ (a \neq 0) \ \text{ならば，} \ x=\frac{1}{a}y-\frac{b}{a}$$

だから，$f(x)=ax+b \ (a \neq 0)$ の逆関数は，$\frac{1}{a}x-\frac{b}{a}$ となって，

1次関数の逆関数は，やはり．1次関数である

といえる．一般に f の逆関数を f^{-1} で表わす．

したがって，$f(x)=ax+b$ については， $\qquad f^{-1}(x)=\frac{1}{a}x-\frac{b}{a}$

~~~ 問 2. ~~~

次の (A)(B) のそれぞれについて，その中の関数の合成関数,逆関数は，やはりそれに属しているかどうかを調べよ．

(A) $f(x)=ax+b \ (a>0)$ の全体

(B) $f(x)=ax+b \ (a,b$ は整数，$a \neq 0)$ の全体

P これはやさしいですね．(A) の方は，はじめのお話で $a \neq 0$ とあったところを $a>0$ で置きかえるだけです．したがって，

$$f_1(x)=ax+b \ (a>0), f_2(x)=cx+d \quad (c>0)$$

に対して， $\qquad f_2(f_1(x))=acx+(bc+d) \quad (ac>0)$

$f(x)=ax+b \ (a>0)$ の逆関数は $g(x)=\frac{1}{a}x-\frac{b}{a} \ \left(\frac{1}{a}>0\right)$

となって，

(A) の場合は，合成関数,逆関数ともにこれに属する

といえます．

T その通りです．(B) の方はどうですか．

P 合成の方は問題ありません．係数はすべて整数です．

　　しかし，逆関数の方はだめですね．$a \neq \pm 1$ のときは $\dfrac{1}{a}$ は整数になりません．だから，

　　　（B）の場合は，合成関数は属するが，逆関数は一般に属さない

ということになります．大変やさしい問題でしたが，これをもとにしたお話が何かあるのでしょう．

P　その通りです．それは変換群のことです．

　　一般に，集合 M について，M からそれ自身の上への１対１の写像を M の変換ということにする．M の変換 f の集合 G があって，これが次の性質をもつとき，G を M の上の変換群という．

　　（Ⅰ）　G は M の各要素を変えない変換（恒等変換）をふくむ．

　　（Ⅱ）　G の２つの変換を合成したものはやはり G の変換である．

　　（Ⅲ）　G の変換の逆変換はやはり G の変換である．

　　実数全体の集合を R とすると，１次関数 $f(x) = ax + b (a \neq 0)$ による変換（１次変換）の全体は R の上の変換群になっている．問２（A）も同じであるが，（B）は変換群にならない．

　　また，$f_1(x) = ax + b$，$f_2(x) = cx + d$ のとき，

$$f_2(f_1(x)) = acx + (bc + d)$$
$$f_1(f_2(x)) = acx + (ad + b)$$

だから一般には，$f_2 \circ f_1 = f_1 \circ f_2$ とはいえない．

　　これに対して，

$$f_3 \circ (f_2 \circ f_1) = (f_3 \circ f_2) \circ f_1$$

は成り立っている．これは，変換については，つねにいえることで，次のようにしてわかる．

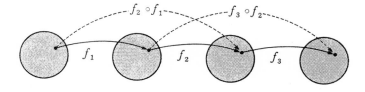

[練習問題]

4.　a, b は実数，$a \neq 0$ としてできる１次変換 $x' = ax + b$ 全体の集合の部分集合

で，やはり変換群になっているものの例をいくつか挙げよ．

P ところで先生．変換群というのは，どんなところへ役立つのですか．変換という操作そのものが，$f_2 \circ f_1, f_3 \circ (f_2 \circ f_1)$ などというように記号によって処理されるという点はわかるのですが．

T 実は，図形のところで考えられる合同というような概念も，群と密接に関連しているのです．それは次のようです．

M の上に働く変換の群 G があるとします．いま，M の部分集合 F を広い意味の図形と呼ぶことにします．そして，2つの図形 F, F' について，

F' は F に G の変換 f を施したものになっている

（このことを $F' = f(F)$ とかく）

ときに，F は F' に合同といって $F \sim F'$ とかく．そうすると，

$F \sim F$

$F \sim F'$ ならば $F' \sim F$

$F \sim F', F' \sim F''$ ならば $F \sim F''$

が変換群の定義（Ⅰ）（Ⅱ）（Ⅲ）から導かれるのです．

P これはときどき見かける関係です．同値律というのではありませんか．

T そうです．（Ⅰ）（Ⅱ）（Ⅲ）を使って証明してごらんなさい．

P $F \sim F$ は $F = f(F)$ という G の変換のあることです．これは f を恒等変換にとればよいわけです．

$F \sim F'$ ですと，$F' = f(F)$ となる G の変換 f があります．f の逆変換 f^{-1} を考えれば，$F = f^{-1}(F')$，$f^{-1} \in G$ ですから，$F' \sim F$

最後に，$F \sim F'$，$F' \sim F''$ ですと，$F' = f(F)$，$F'' = g(F')$（$f \in G$，$g \in G$）です．このことから，

$F'' = g(f(F)) = (g \circ f)(F)$，$g \circ f \in G$

したがって，　　　　$F \sim F''$

これでできました．

ところで，ふつうの図形の合同はこれの特別な場合になるのですね．

T そうです．M が平面上の点の全体，G は移動（合同変換）の全体とした場合です．1次元（直線上）の場合でいいますと，

$x' = x + a$　　（a は任意の実数）

による変換 $x \to x'$ の全体は群になりますが，このときは，

長さの等しい2つの線分 F, F' は合同

ということになります．こうした話を始めますと，先の話がいくらでもあるのですが，今日はこの辺でやめておきます．

　1次変換の合成に関する興味ある問題を1つ扱ってみよう.

　平面上で, 点Oから出る半直線をいくつか
ひく. いくつでもよいが, ここでは4つにし
ておく. そのおのおのの 上に点 A, A′ ; B,
B′ ; C, C′ ; D, D′ があって,

　　AB∥A′B′, BC∥B′C′, CD∥C′D′
とすれば, 　　　　　　AD∥A′D′
であることは, よく知っている.

　また, △ABC の辺 AB, AC, BC 上に, それぞれ, 点 P, S ; Q, T ; R,
U があって,

　　PQ∥BC, QR∥AB, RS∥CA, ST∥BC, TU∥AB
であれば, 　　　　　UP∥CA
となっている.

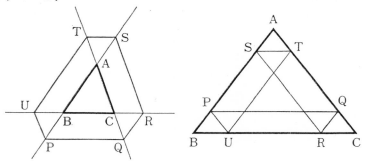

P　このことは, 一度やったことがあります. 比をつぎつぎと移して証明した覚
　　えがあります.

T　平行四辺形の性質だけから証明することもできます. 実は, 上の左の図のと
　　きは, 折れ線 PQRSTUP というのは, 面積について,
　　　　　△XAB+△XBC+△XCA=一定 (＞2△ABC)
　　となっている点 X の軌跡なのです.

　上で示したのは, ある点から出発して, 次次ときまった方向へひいて
できる折れ線が, もとへもどってくる場合である. つまり, 折れ線が閉
じる場合といってよい.

はじめの例では，A，B，C，D を各半直線上で任意にとっても折れ線は A'B'C'D'A' と閉じてくるが，あとの例で，P，Q，R，S，T，U を勝手にとって，

P'Q' ∥ PQ， Q'R' ∥ QR， R'S' ∥ RS，
S'T' ∥ ST， T'U' ∥ TU

となるよう P',Q',R',S',T' を各辺（または延長）上にとっていくとき，

U'P' ∥ UP

となっているとは限らない．ところが，次のことはいえるのである．

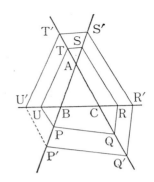

─ 問 3. ─

　n 個の直線 $l_1, l_2, \cdots, l_n$ の上に点 $A_1, A_2, \cdots, A_n$ があるとする．いま，これらの各直線上に点 $P_1, P_2, \cdots, P_n$ をとって，

$$P_i P_{i+1} \parallel A_i A_{i+1} \qquad (i=1,2,\cdots,n-1)$$

とするとき，

$$P_n P_1 \parallel A_n A_1$$

となっているならば，

　折れ線 $P_1 P_2 \cdots P_n P_1$ はこの操作で閉じている

ということにする．

　l_1 上のある 1 点 P_1 から出発して作った折れ線が 閉じているならば，任意の点 P_1 から出発した 折れ線はすべて 閉じていることを証明せよ．

P 問題はよくわかりますが，解法の手掛りがちょっとつかめません．

T それでは，ヒントを与えましょう．それは，2つの直線 l, l' と一定方向の 直線 m があって，m に平行な 任意の 直線が l, l' と交わる点を，それぞれ，P，P' とする．l, l' を数直線と考えたとき，P，P' の座標を それぞれ，x, x' とすると

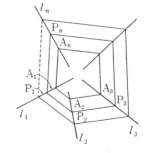

$$x'=ax+b \quad (a,b \text{ は定数}, \ a \neq 0)$$

ということです. まず証明して下さい.

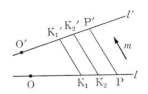

P　この操作で $K_1 \to K_1'$, $K_2 \to K_2'$, $P \to P'$ としますと,

$$\frac{K_1 P}{K_1 K_2} = \frac{K_1' P'}{K_1' K_2'}$$

P, K_1, K_2 の座標を x, k_1, k_2 とし, P', K_1', K_2' の座標を x', k_1', k_2' としますと,

$$\frac{x-k_1}{k_1-k_2} = \frac{x'-k_1'}{k_1'-k_2'}$$

これから,

$$x' = \frac{k_1'-k_2'}{k_1-k_2}x + \frac{k_1 k_2' - k_2 k_1'}{k_1-k_2}$$

これは,

$$x' = ax + b \quad (a \neq 0)$$

の形です.

T　それで結構です. そこでもとの問題をやって下さい.

P　$l_1, l_2, \cdots, l_n$ 上で, 対応する $P_1, P_2, \cdots, P_n$ の座標を, それぞれ, $x_1, x_2, \cdots, x_n$ としますと, 上で調べたことから,

$$x_2 = a_1 x_1 + b_1, \ x_3 = a_2 x_2 + b_2, \ \cdots, \ x_{n-1} = a_{n-1} x_{n-1} + b_{n-1}$$

ここで, $a_1, \cdots, a_{n-1}$ はどれも 0 でありません.

　次に, P_n から $A_n A_1$ に平行にひいた直線が l_1 と交わる点を P_1' としますと,

$$x_1' = a_n x_n + b_n \quad (a_n \neq 0)$$

　そこで, これらの関係から, $x_2, x_3, \cdots, x_n, x_1'$ を順に x_1 で表わしていくと, 1次関数の合成だから, 結局

$$x_1' = ax_1 + b \quad (a \neq 0) \quad (1)$$

となります. つまり, l_1 上で

　　　　P_1' の座標 x_1' は, P_1 の座標 x_1 の1次関数である

ことがわかりました.

T　その通りです. あと一息です.

P　A_1 の座標を a_1, P_1 が定点で $P_1' = P_1$ となる場合の P_1 を B_1, その座標を b_1 としますと, (1) によって a_1 は a_1, b_1 は b_1 へ移るわけですから,

$$a_1 = aa_1 + b, \qquad b_1 = a_1 b_1 + b$$

これを引いて,　$a(a_1 - a_2) = 0$　　$a_1 \neq a_2$ だから　$a=0$

したがってまた,　　　　$b=0$

こうして, (1) は

$$x_1' = x_1$$

となって，任意の P_1 について，　$P_1{}'=P_1$

　これでできました．

T　大変結構です．

P　ところで，89 ページの △ABC を考えた場合ですが，折れ線 PQRSTUP が
ほんとうに閉じてくるのは，どんな場合ですか．はじめに伺った 88 ページの
場合しかないのですか．

T　それは，実は，

　　　　P, Q, R, S, T, U が同一の 2 次曲線の上にある

という場合です．

P　証明は難しいのですか．

T　そうですね．ちょっと難しいと思います．ここではお話しできませんね．

1 次関数の不動点

1 次関数　　　　　$x'=ax+b$　$(a \neq 0)$　　　　　　　　　(1)

によって，実数の集合 R からそれ自身の中への写像 $x \to x'$ を考える．
このとき，$x'=x$ となるところを不動点という．

まず，$a=1$ ならば，

$$x'=x+b$$

となって，$b \neq 0$ であれば不動点はなく，$b=0$ ならばすべての実数が不
動点となる．

$a \neq 1$ のとき，不動点を x_0 とすれば，

$$x_0=ax_0+b \tag{2}$$

から，

$$x_0=\frac{b}{1-a}$$

(1)−(2)を作って，　　　　$x'-x_0=a(x-x_0)$

これだけのことをまとめていうと，

　　　1 次変換 $x'=ax+b$ は，次のどちらかの形になる．

　　　　$a=1$ のときは　　$x'=x+b$

　　　　$a \neq 1$ のときは　　$x'-x_0=a(x-x_0)$

P　数のことを考えていても不動点というのですか.

T　実数と数直線とは密着させて考えるのがふつうですから, こうしたことは何
の抵抗もなく使われるのです. 同じように2次元では (x, y) をすぐに点とい
います. 点というような図形的表現は, 直観に訴えるところが強いので印象的
です.

　1次変換 $x' = ax + b$ の不動点の考察は, x が複素数やベクトルになっ
た場合, 次のように応用される.

　問 4.

　　平面上で, 表向きの移動は,

　　　平行移動,　　ある1点のまわりの回転

　のいずれかになっている. 複素数を使ってこれを証明せよ.

P　複素数平面を使うわけですね. 直角座標ですと, 表向きの移動は, 一般に,
$$x' = x\cos\theta - y\sin\theta + a, \qquad y' = x\sin\theta + y\cos\theta + b$$
で表わされるのでした. これを
$$z' = x' + y'i, \quad z = x + yi, \quad \alpha = a + bi$$
$$\gamma = \cos\theta + i\sin\theta$$
とおいて表わしますと,
$$z' = \gamma z + \alpha$$
となります. これからやるのですね.

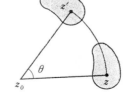

T　そうです.

P　$\gamma = 1$ ですと, $z' = z + \alpha$
これは平行移動です.

　$\gamma \neq 1$ ですと, 不動点 $z_0 = \dfrac{\alpha}{1-\gamma}$
によって,
$$z' - z_0 = \gamma(z - z_0)$$
　これは, $z' - z_0$ というベクトルが, $z - z_0$ と
いうベクトルを角 θ だけ回転したものであることを示しています. ですから,
z から z' へ移るのは, 点 z_0 のまわりの回転です. これでできました.

P　大変結構です. こんどは, ベクトルで考えてみましょう.

問 5.

x, x', a がベクトルのとき,

$$x' = kx + a \qquad (k \neq 0)$$

によって位置ベクトル x の点を位置ベクトル x' の点へ移すことは,

　　　平行移動,　　ある 1 点を中心とする拡大

のいずれかである. これを証明せよ.

P 前の問題がやってありますから, これはらくです.

解 $k=1$ のときは,　　$x' = x + a$

　これは点 x を点 x' へ平行移動で移すことになる.

　$k \neq 1$ のときは, 不動点 $x_0 = \dfrac{1}{1-k} a$ によって,

$$x' - x_0 = k(x - x_0)$$

これは点 x_0 を中心とする k 倍の拡大になっている.

P すべて拡大といっていますが, $k > 1$ ですと拡大, $k < 1$ ですと縮小ですね.

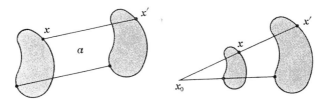

T そうです. ところで, こうした変換

$$x' = kx + a \qquad (k \neq 0)$$

の全体を G としますと,

　　　G の 2 つの変換を合成したものは, やはり G の変換

になっています. これは, $x' = ax + b \ (a \neq 0)$ の場合と同じことです. そして群にもなっています. ここでは, この合成のことを図で考えますと, 次のことがわかります.

　　　点 A を中心とする k 倍の拡大に,　点 B を中心とする l 倍の拡大を重ねて行なうと, 結局,

$kl=1$　のときは，平行移動

$kl \neq 1$　のときは，AB 上の点を中心とする kl 倍の拡大

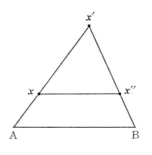 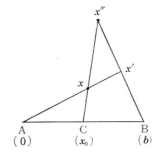

P　面白いことですね．証明してみます．A を原点にとると，A を中心とする k 倍の拡大は，

$$x'=kx$$

によって点 x' を点 x' へ移すことです．B を中心とする l 倍の拡大は，B の位置ベクトルを b として，

$$x''-b=l(x'-b)$$

したがって，　　$x''=lx'+(1-l)b=klx+(1-l)b$

これは，$kl=1$ のとき平行移動，

$kl \neq 1$ のときは，

$$x_0=\frac{1-l}{1-kl}b$$

を不動点にもつ拡大です．点 x_0 は確かに 直線 AB 上にあります．

T　その通りです．ここで，点 x, x', x'', x_0 を，それぞれ，P, Q, R, C としますと，

$$\frac{AC}{CB}\frac{BR}{RQ}\frac{QP}{PA}=\frac{1-l}{1-kl}\frac{l}{1-l}\frac{1-k}{-1}=-1$$

となっていることがわかります．これは初等幾何ではメネラウスの定理といって有名なものです．

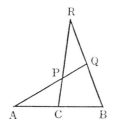

P　各線分の長さは符号をつけて考えているわけですね．そうしますと，メネラウスの定理を知っていれば，拡大の合成についての上の結果が出てくることになりませんか．

T　その通りで，この変換の合成がメネラウスの定理と実質的には同じものといえるでしょう．

[練習問題]

5. 複素平面上で，点 O のまわりに角 α だけ回転し，さらに点 1 のまわりに角 β だけ回転した結果は，どのようなことと同じになるか．

6. 点 A を中心として図形を 2 倍に拡大し，さらに点 B を中心として 3 倍に拡大するとき，これはどんな点を中心とする拡大と同じになるか．

96

6
1 次 変 換

　式や関数での扱いで，1次から2次へという発
展とならんで，同じく1次であっても，変数が1
つから2つへという発展がある．ここに，2変数
の1次式による写像（1次変換）が登場してくる．

　2つの変化する量 x, x' の間の関係で最も単純なものとして，正比例
の関係

$$x' = ax \quad (a は 0 でない定数)$$

があることはよく知っている．これは，実数全体の集合を R とすると
き，

$$R \text{ またはその部分集合} \to R$$

という写像になっている．

　この場合，p を任意の値として，

　　　　x の値が p 倍になれば，x' の値も p 倍になる

ということは，容易にわかる．これは，$f(x) = ax$ とおくとき，

$$f(px) = pf(x)$$

で表わされる．そこで，このことの逆を問題にしよう．

―― 問 1. ――
　x の関数 $f(x)$ があって，任意の値 p に対して，
$$f(px) = pf(x)$$
　となるとき，$f(x) = ax$ （a は定数）といってよいか．

P　何か大へん難しい感じですが.

T　そんなことはありません. p の値は任意ですが, x の値もそうなのですよ.

P　なるほど, そうですね. ああ, わかりました. x の値の方をきめればよいのではありませんか.

T　よく気がつきました. それで終りですよ.

P　$f(px)=pf(x)$ で $x=1$ とおきますと,　　$f(p)=pf(1)$

$f(1)=a$ とおきますと,　　　　$f(p)=ap$

p の値は任意ですから, p の代わりに x とおいて,　　$f(x)=ax$

これでできました.

T　それで結構です.

$f(x)=ax$ については, さらに

$$f(x+y)=f(x)+f(y)$$

が成り立っている. そこで, この等式が成り立っているとき, $f(x)=ax$ であるかということが問題となる. これについて, 次のことが成り立つ.

――― 問 2. ―――

　　任意の数 x,y について,

$$f(x+y)=f(x)+f(y)$$

　ならば, x の値が有理数のとき,

$$f(x)=ax \quad (a \text{ は定数})$$

　とくに, $f(x)$ が連続関数であれば, すべての実数値に対し,

$$f(x)=ax$$

　である. これを証明せよ.

P　任意の x,y について,

$$f(x+y)=f(x)+f(y) \tag{1}$$

というのですね. とくに, $x=y$ ですと

$$f(2x)=2f(x)$$

同じようにして,

$$f(3x)=f(2x+x)=f(2x)+f(x)=2f(x)+f(x)=3f(x)$$

というようになります.

T　そうです. その調子で, x の値が

自然数　　正の有理数　　　0　　　負の有理数

と，順々に考えてごらんなさい．

P　上でやったようにして，一般に

$$f(nx)=nf(x) \qquad (n は自然数) \tag{2}$$

となることが，数学的帰納法でやれます．

T　そうです．そこで，$f(n)$ を考えてごらんなさい．

P　(2) で $x=1$ とおくと，　$f(n)=nf(1)$

ここで，　　　　　　　　　$f(1)=a$

とおくと，　　　　　　　　$f(n)=an$

T　こんどは，$f\left(\dfrac{1}{n}\right)$ を (2) から考えてごらんなさい．

P　どうすればよいのかな．ああ，(2) で $x=\dfrac{1}{n}$ とおけばよいですね．

つまり，　　　　　　　$f\left(n\cdot\dfrac{1}{n}\right)=nf\left(\dfrac{1}{n}\right)$

$f(1)=a$ ですから，　　　　$f\left(\dfrac{1}{n}\right)=\dfrac{1}{n}f(1)=a\dfrac{1}{n} \tag{3}$

これで $x=\dfrac{1}{n}$ のときができました．

T　そこでこんどは，x が正の有理数の場合，

$$x=\frac{n}{m} \qquad (m,n \ 自然数)$$

を考えてごらんなさい．

P　$f\left(\dfrac{n}{m}\right)$ を考えるのですね．(2) が使えて　$f\left(\dfrac{n}{m}\right)=nf\left(\dfrac{1}{m}\right)$

さらに (3) が使えて，

$$f\left(\frac{n}{m}\right)=n\cdot a\frac{1}{m}=a\frac{n}{m}$$

これで x が正の有理数の場合ができました．

　　こんどは，x が負の有理数のときです．(1) で $x=0$, $y=0$ とおいて

$$2f(0)=f(0), \qquad f(0)=0$$

$x=-x'$（x' は正の有理数）としますと，

$$f(x+x')=f(x)+f(x')=f(x)+ax'$$

そして，　$f(x+x')=f(0)=0$ であることから

$$f(x)=-ax'=a(-x')=ax$$

これで有理数の場合ができました．

　　次に $f(x)$ が連続関数のときですね．わかったことは

$$x が有理数のとき \qquad f(x)=ax \tag{4}$$

ということですから，これから考えるわけでしょう．どうすればよいかな．

T こうしたことにはあまり馴れていないかもしれませんね．1つヒントをあげましょう．それは，

任意の無理数 x は，有理数の数列 $x_1, x_2, \cdots\cdots$ の極限である

ということです．たとえば，$\sqrt{2}$ は，

1, 1.4, 1.41, 1.414, …… の極限

です．

P そうしますと，$x_n(n=1,2,\cdots\cdots)$ が有理数ですから，

$$f(x_n) = ax_n \tag{5}$$

そして，$\lim_{n\to\infty} x_n = x$ です．$f(x)$ が連続というのは，

$$\lim_{z\to x} f(z) = f(x)$$

ということですから，(5)で $n\to\infty$ としますと，$\lim_{n\to\infty} f(x_n) = f(x)$ となって，結局，

$$f(x) = ax$$

これで全部できました．手とり，足とりして頂いて，やっとたどりつきました．ところで先生，$f(x)$ が連続でないと，$f(x)=ax$ ということは出てこないのですか．

T それは，そうです．出てこないのです．実は，

任意の x, y に対して $\qquad f(x+y) = f(x) + f(y)$

となる $f(x)$ はすべてわかっていて，その中には連続でないものがあるのです．

P その例を教えて頂けませんか．

T いや，実は，その例というのは大変複雑なもので，

そうしたもののあることはわかっているが，目の前にとり出して見せることはできない．

という奇妙なものなのです．また，いずれゆっくりお話しするとして，今はやめておきます．

x, y の1次変換

2つの実数 x, y について順序を考えた組 (x, y) を2次元の数ベクトルという．これは，実数の集合をRとするとき，2つの R の直積 $R^2 = R \times R$ の元である．R^2 から R^2 への写像 $(x, y) \to (x', y')$ で

$$x' = ax + by, \qquad y' = cx + dy \qquad (a, b, c, d \text{ は定数})$$

で与えられるものは，1次変換といわれる．これは，正比例の関係 $x' = ax$ の2次元への拡張になっている．これを考えていこう．

┌─ **問 3.** ─────────────────────────

　2つの容器 A, B があって，A には x %，B には y %の食塩水が，それぞれ，1 kg ずつ入っている．いま，A から a kg を取り出して B へ入れ，よく混ぜて B から a kg を取り出して A へ戻すとき，A, B 内の食塩水の濃度が x' %，y' %になったとする．

(1)　x', y' を x, y で表わせ．

(2)　x, y を x', y' で表わせ．

(3)　上の操作に続いて，A から b kg を取出して B に入れよく混ぜて b kg を A に戻すとき，A, B の中の食塩水の濃度が x'' %，y'' %になったとする．x'', y'' を x, y で表わせ．

└────────────────────────────────

P　大分長い問題ですね．順に考えてみます．A, B の全量と 食塩の 量がどうなっていくかを考えればよいわけです．単位 kg はすべて取って表わします．まずはじめに

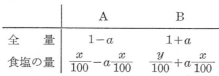

	A	B
全　量	1	1
食塩の量	$\dfrac{x}{100}$	$\dfrac{y}{100}$

A から a kg とって B へ入れると，

	A	B
全　量	$1-a$	$1+a$
食塩の量	$\dfrac{x}{100}-a\dfrac{x}{100}$	$\dfrac{y}{100}+a\dfrac{x}{100}$

B から a kg を A へ戻すと，全量は A, B ともに 1 kg で，食塩の量は

A では，　$(1-a)\dfrac{x}{100}+\dfrac{a}{1+a}\left(a\dfrac{x}{100}+\dfrac{y}{100}\right)=\dfrac{1}{100}\left(\dfrac{1}{1+a}x+\dfrac{a}{1+a}y\right)$

B では，　$\dfrac{1}{1+a}\left(a\dfrac{x}{100}+\dfrac{y}{100}\right)=\dfrac{1}{100}\left(\dfrac{a}{1+a}x+\dfrac{1}{1+a}y\right)$

したがって，この操作の後の濃度が，それぞれ x' %, y' %であることから，

$$\left.\begin{aligned}x'&=\dfrac{1}{1+a}x+\dfrac{a}{1+a}y\\[2mm]y'&=\dfrac{a}{1+a}x+\dfrac{1}{1+a}y\end{aligned}\right\}\qquad(\mathrm{I})$$

これで，(1) ができました.

T それで結構です. だから，これは $(x, y) \rightarrow (x', y')$ という1次変換です.

P (2) をやります. これは，(I) を x, y について解くだけです. この場合

$$x' + y' = x + y$$

となっていますね.

T A, B両方の食塩の量がいつでも一定ですから，このことは当り前ともいえます. とに角，(I) を x, y について解いてごらんなさい.

P そうしますと，次のようになります.

$$x = \frac{1}{1-a}x' + \frac{-a}{1-a}y'$$

$$y = \frac{-a}{1-a}x' + \frac{1}{1-a}y'$$

この係数は (I) で a の代わりに $-a$ とおいたものになっていますね.

T よく気がつきました. (3) をやって下さい.

P (I) と同じように考えて，

$$\left.\begin{array}{l} x'' = \dfrac{1}{1+b}x' + \dfrac{b}{1+b}y' \\[2mm] y'' = \dfrac{b}{1+b}x' + \dfrac{1}{1+b}y' \end{array}\right\}$$

(I) を右辺に代入すればよいわけです. この計算で，

$$\left.\begin{array}{l} x'' = \dfrac{1+ab}{(1+a)(1+b)}x + \dfrac{a+b}{(1+a)(1+b)}y \\[2mm] y'' = \dfrac{a+b}{(1+a)(1+b)}x + \dfrac{1+ab}{(1+a)(1+b)}y \end{array}\right\} \quad (\text{II})$$

となります.

T それで結構です. ところで，(II) も (I) と形が同じなのですが，気がつきましたか.

P そうですか. それは気がつきませんでした. 同じ形だとしますと，

$$\left.\begin{array}{l} x'' = \dfrac{1}{1+c}x + \dfrac{c}{1+c}y \\[2mm] y'' = \dfrac{c}{1+c}x + \dfrac{1}{1+c}x \end{array}\right\} \quad (\text{III})$$

となります. これと (II) をくらべますと，c は x'' での y と x との係数の比であるから，

$$c = \frac{a+b}{1+ab} \quad (\text{IV})$$

となりますが，これを (III) に代入すると，すっかり (II) になります.

T　その通りです．つまり，

　　　a kg ずつの出し入れに，b kg ずつの出し入れを重ねると，

　　　その結果は（Ⅳ）で定まる c kg の出し入れと同じである

　ということになるのです．

P　これはおもしろいですね．

T　実は，（Ⅳ）から

$$\frac{1-c}{1+c}=\frac{1+ab-(a+b)}{1+ab+(a+b)}=\frac{1-a}{1+a}\frac{1-b}{1+b}$$

　となるのです．これは

$$a'=\frac{1-a}{1+a},\qquad b'=\frac{1-b}{1+b},\qquad c'=\frac{1-c}{1+c}\qquad\text{（Ⅴ）}$$

　とおくと，　　　　　　　　　$c'=a'b'$

　となるのです．

P　大変うまくいく感じです．何か深いわけがありそうですが．

T　そうです．a と b から c を作る操作を（Ⅳ）で定義し，

$$c=a\circ b=\frac{a+b}{1+ab}$$

　とおきますと，

　　　　　$a\circ b=b\circ a$　　　　　　　（交換法則）

　はもちろん成り立ちますが，

　　　　　$(a\circ b)\circ c=a\circ(b\circ c)$　　　（結合法則）

　も成り立つのです．それは，（Ⅴ）のように a,b,c に a',b',c' を対応させるこ

　とにしますと，

　　　　　$a\circ b$ に $a'b'$ が対応する

　ことになりますから，

　　　　　$(a\circ b)\circ c$ に $(a'b')c'$,　　$a\circ(b\circ c)$ に $a'(b'c')$

　が対応します．そして，

　　　　　$(a'b')c'=a'(b'c')$

　の成り立つことはふつうの数の計算ですから当然です．

　　　したがって，

　　　　　$(a\circ b)\circ c=a\circ(b\circ c)$

　となるのですが，ここで，

　　　　　$a'=b'$　ならば　$a=b$　　　　　　　　　　（Ⅵ）

　ということを使います．

P　なるほど，そういうわけですか．（Ⅵ）は

$$\frac{1-a}{1+a}=\frac{1-b}{1+b} \quad から \quad a=b$$

ということですね. これは計算ですぐわかります.

T それは, $a'=\dfrac{1-a}{1+a}$ から $a=\dfrac{1-a'}{1+a'}$ であることを導いてもよいのです. 実は, この合成 $c=a\circ b$ によって群 (group) がきまるのですが, ここではこうしたことに深入りするのはやめます. また, 改めて, ゆっくりお話しすることにしましょう.

[練習問題]

1. 2つの容器 A,B があって, A には $x\%$, B には $y\%$ の食塩水が, それぞれ, 1 kg ずつ入っている. いま, A,B から a kg ずつ取り出して, それぞれ, B,A へ入れてよく混ぜるとき, A,B 内の食塩水の濃度が, それぞれ, $x'\%$, $y'\%$ になったとする. この場合の (x,y) から (x',y') への変換について, 問3 と同じように, いろいろな考察を行なってみよ.

　1次変換にはいろいろな応用があるが, 確率の問題にもそのようなものがある. たとえば, 次のようなものがそれである.

　右の図のような装置があって, X,Y から入れた玉が X',Y' のどちらかから出るとして,

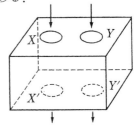

　　X から入れた玉が X',Y' から出る確率
　　がそれぞれ $p,1-p$
　　Y から入れた玉が X',Y' から出る確率
　　がそれぞれ $q,1-q$

とする. いま, 1つの玉が X,Y のそれぞれへ入る確率が x,y であると, これが X',Y' から出てくる確率 x',y' については,

$$x'=px+qy \tag{1}$$
$$y'=(1-p)x+(1-q)y \tag{2}$$

となる.

P 理由を考えてみます. X' から出る玉について,

　　　　X に入ったものである場合の確率は　px
　　　　Y に入ったものである場合の確率は　qy

です. Y' から出る玉についても同じようです.

T　こうしたことでも繰返しが考えられます．そうしますと，1次変換の合成になってくるわけです．このようなことを一般的に追究するためには，行列（マトリックス）が有用なのですが，そのお話しは他日にして，(1) (2) という特殊な変換について処理することをお話しします．

　　いま，(1)+(2) を作ると，　　　　　　$x'+y'=x+y$

つまり，この変換で $x+y$ は変わらないのであるが，この問題の性質からは，

$$x+y=1 \tag{3}$$

と考えてよい．したがって，$y=1-x$ を (1) に代入すると，

$$x'=(p-q)x+q$$

となって x から x' への1次変換になります．これは，これまでにたびたび扱ってきたところです．

P　なるほど，そうですか．(3) は玉をどちらかから入れる確率が 1 ということと，$x'+y'=1$ はどちらかの穴から出てくることですね．それは当然といえます．

　　上の問題で，さらに，

$$p+q=1$$

である場合を考えてみよう．これは，

　　　　X から入れた玉が X' から出る確率 p と，Y から入れた玉が X'
　　　　から出る確率 q の和が1

ということで，この場合は，

$$(1-p)+(1-q)=1$$

つまり，

　　　　X から入れた玉が Y' から出る確率 $1-p$ と，Y から入れた玉が
　　　　Y' から出る確率 $1-q$ の和が1

ともなっている．こうしたことは，

　　　　X, Y から同時に入れた2つの玉が，X', Y' のおのおのから1つ
　　　　ずつ出る

という場合に起こることで，この場合は

$$x'=px+(1-p)y$$
$$y'=(1-p)x+py$$

となっている．このときは，

$$x'+y'=x+y, \qquad x'-y'=(2p-1)(x-y)$$

となるから，この性質を利用して考えていくとよいことが多い．

[練習問題]

2. x_n, y_n から x_{n+1}, y_{n+1} へ移る変換が，1次変換

$$x_{n+1} = \frac{1}{3}(2x_n + y_n), \qquad y_{n+1} = \frac{1}{3}(x_n + 2y_n)$$

$$(n = 1, 2, 3, \cdots)$$

で与えられているとき，x_k, y_k を x_1, y_1 と k で表わせ．

また，$\lim\limits_{k \to \infty} x_k$，$\lim\limits_{k \to \infty} y_k$ を求めよ．

図形の変換

1次変換は，平面の上の図形の変換と密接に関連している．たとえば，直交軸について，点 (x, y) を原点のまわりに角 θ だけ回転した点を (x', y') とすると，

$$x' = x \cos\theta - y \sin\theta$$
$$y' = x \sin\theta + y \cos\theta$$

このことをもっと一般に考えると，次のような問題となる．

─ 問 4.

a, b, c, d は定数で，$ad - bc \neq 0$ とする．

$$x' = ax + by, \qquad y' = cx + dy$$

のとき，点 (x, y) が4点 O$(0,0)$，A$(1,0)$，B$(0,1)$，C$(1,1)$ を頂点とする正方形の内部を動くと，点 (x', y') はどんな範囲を動くか．

T 今回は，先生がやってみます．まず，ここでは2次元のベクトルを

$$\begin{pmatrix} p \\ q \end{pmatrix} \qquad \begin{pmatrix} x \\ y \end{pmatrix} \qquad \begin{pmatrix} x' \\ y' \end{pmatrix}$$

といったように書くことにします．和と実数を掛けることについては，

$$\begin{pmatrix} a \\ b \end{pmatrix} + \begin{pmatrix} c \\ d \end{pmatrix} = \begin{pmatrix} a+c \\ b+d \end{pmatrix}, \qquad k\begin{pmatrix} a \\ b \end{pmatrix} = \begin{pmatrix} ka \\ kb \end{pmatrix}$$

のように定義します．これによりますと，

$$\begin{pmatrix} ax+by \\ cx+dy \end{pmatrix} = x\begin{pmatrix} a \\ c \end{pmatrix} + y\begin{pmatrix} b \\ d \end{pmatrix}$$

となって，問4の解は次のようです．

解
$$\begin{pmatrix} x' \\ y' \end{pmatrix} = \begin{pmatrix} ax+by \\ cx+dy \end{pmatrix} = \begin{pmatrix} ax \\ cx \end{pmatrix} + \begin{pmatrix} by \\ dy \end{pmatrix} = x\begin{pmatrix} a \\ c \end{pmatrix} + y\begin{pmatrix} b \\ d \end{pmatrix}$$

そこで，$\begin{pmatrix} x' \\ y' \end{pmatrix}$, $\begin{pmatrix} x \\ y \end{pmatrix}$, $\begin{pmatrix} a \\ c \end{pmatrix}$, $\begin{pmatrix} b \\ d \end{pmatrix}$ を成分にもつ矢線ベクトルを
それぞれ，$\boldsymbol{x}', \boldsymbol{x}, \boldsymbol{e}_1, \boldsymbol{e}_2$ とすると，
$$\boldsymbol{x}' = x\boldsymbol{e}_1 + y\boldsymbol{e}_2 \tag{1}$$
ここで，$ad-bc \neq 0$ だから，$\boldsymbol{e}_1, \boldsymbol{e}_2$ は 0 になることもなく，同一の
直線に平行になることもない．
いま，点 (x, y) が正方形 OACB の中を自由に動くときは，
$$0 < x < 1, \qquad 0 < y < 1$$
の範囲で，x, y は任意である．
したがって，$\boldsymbol{x}'$ できまる点 (x', y') は，(1) によって原点からひい
た $\boldsymbol{e}_1, \boldsymbol{e}_2$ を 2 つの辺にもつ平行四辺形の内部の全体を動く．

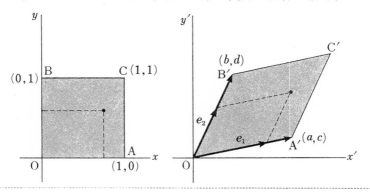

P　ベクトルのおかげで，非常にすっきりといきましたね．

T　そうです．ここでは，(x, y) の動く平面と
(x', y') の動く平面を別のところへとって考え
ましたが，同じ平面にとるときもあります．た
とえば，前ページの回転の式は，問 4 の式
$$x' = ax + by$$
$$y' = cx + dy$$
で，　$a = \cos\theta, \quad b = -\sin\theta$
$$c = \sin\theta, \quad d = \cos\theta$$

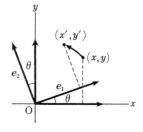

とおいたもので，このときは，

$$e_1=\begin{pmatrix} a \\ c \end{pmatrix}=\begin{pmatrix} \cos\theta \\ \sin\theta \end{pmatrix}, \qquad e_2=\begin{pmatrix} b \\ d \end{pmatrix}=\begin{pmatrix} -\sin\theta \\ \cos\theta \end{pmatrix}$$

はともに単位ベクトル（長さ1のベクトル）で，しかもたがいに垂直になっているのです．

P 問4で，$ad-bc\neq0$ ということが出ていますが，$ad-bc=0$ のときは平行四辺形ができませんね．

T そうです．ペシャンコになってしまうのです．

P それでは，$ad-bc$ そのものはどんな意味をもつのでしょうか．

T それには，点 (a,c)，(b,d) を極座
標 (r,α)，(s,β) を使って，

$$a=r\cos\alpha, \qquad c=r\sin\alpha$$
$$b=s\cos\beta, \qquad d=s\sin\beta$$

とおいてみるとよくわかります．
計算してごらんなさい．

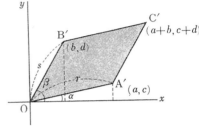

P $$\varDelta=ad-bc$$

とおきますと，

$$\varDelta=rs(\cos\alpha\,\sin\beta-\cos\beta\,\sin\alpha)=rs\sin(\beta-\alpha)$$

だから $|\varDelta|$ は上に像としてできた

$$O(0,0), \quad A'(a,c), \quad B'(b,d), \quad C'(a+b,c+d)$$

を頂点とする平行四辺形の面積です．

T その通りです．それでは $\varDelta$ の符号は何ですか．

P $\varDelta=rs\sin(\beta-\alpha)$，$r>0$，$s>0$ ですから，

$$\varDelta>0 \rightleftarrows \sin(\beta-\alpha)>0$$

だから，$\beta-\alpha$ を $-\pi$ と π の間の角に限ると，この条件は，

$$\varDelta>0 \rightleftarrows \beta-\alpha>0$$

同じように，$\qquad \varDelta<0 \rightleftarrows \beta-\alpha<0$
となります．

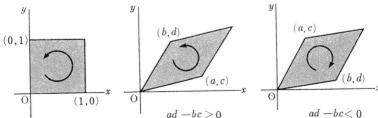

T　これは，平行四辺形 OA′C′B′ のまわり向きというように考えられます．

[練習問題]

3. 次の 1 次変換 $(x, y) \rightarrow (x', y')$ によって，座標平面上で 4 点 $(0,0)$, $(a,0)$, $(0,b)$, (a,b) を頂点とする長方形はどんな図形へ移るか．

$$(1)\quad \begin{cases} x' = x - y \\ y' = x + y \end{cases} \qquad (2)\quad \begin{cases} x' = 2x + y \\ y' = x + 3y \end{cases}$$

4. 点 (x, y) を原点のまわりに $\dfrac{\pi}{4}$ だけまわした点を (x', y') とする．
x', y' を x, y で表わせ．また，この回転で，$x^2 + xy + y^2 = 1$ の表わす線は，どんな線へ移るか．

5. 点 (x, y) を原点のまわりに $\dfrac{\pi}{3}$ だけまわした点を (x', y') とする．
x', y' を x, y で表わせ．

　問 4 の 1 次変換
$$x' = ax + by, \qquad y' = cx + dy$$
による座標平面上での写像 $(x, y) \rightarrow (x', y')$ を考えるのには，直角座標よりももっと一般にデカルト座標を考えるのがよい．それは次のようである．

　平面上で，$\boldsymbol{e}_1, \boldsymbol{e}_2$ を 0 でなく平行でもないベクトルとする．いま，原点 O を定め，任意の点 P に対して $\overrightarrow{\mathrm{OP}}$ で定まるベクトル（P の位置ベクトル）を $\boldsymbol{x}$ とすると，これは

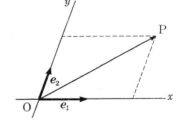

$$\boldsymbol{x} = x\boldsymbol{e}_1 + y\boldsymbol{e}_2$$

と表わすことができる．この (x, y) を点 P のデカルト座標という．

P　直角座標は，$\boldsymbol{e}_1, \boldsymbol{e}_2$ が垂直な単位ベクトルになっている場合ですね．デカルト座標での座標軸は斜交軸というのではありませんか．

T　そうです．ここでは，$\boldsymbol{e}_1, \boldsymbol{e}_2$ が斜めに交わっているというだけでなく，長さも同じでなくてよいのです．デカルト座標は平行座標ともいいます．

P　デカルト座標ではどれだけのことが成り立つのですか．

T　それをお話しします．

デカルト座標でも，次の公式の成り立つことは，直角座標の場合と同じである．

2点 (x_1, y_1)，(x_2, y_2) を結ぶ線分を $m:n$ の比に分ける点の座標は，

$$\left(\frac{nx_1 + mx_2}{m+n}, \quad \frac{ny_1 + my_2}{m+n} \right)$$

また，次のことも基本的である．

x, y の1次方程式は直線を表わす

このことは次のようにしてわかる．

1次方程式 $ax + by + c = 0$ は，

$b \neq 0$ のときは $y = mx + k$，　　$b = 0$ のときは $x = p$

の形になる．前者のときは，(x, y) を座標にもつ点の位置ベクトルは，

$$x = xe_1 + ye_2 = xe_1 + (mx + k)e_2$$
$$= ke_2 + x(e_1 + me_2)$$

これは点 x が点 ke_2 を通って $e_1 + me_2$ の方向の直線上を動くことを示している．

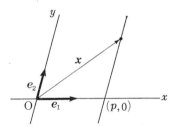
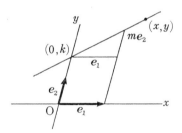

105ページの問4の1次変換 $x' = ax + by$，$y' = cx + dy$ による写像によって，ベクトル $(1,0)$，$(0,1)$ は e_1, e_2 へ移り，点 (x, y) は

$$x = xe_1 + ye_2$$

へ移るのであった．そこで，点 x について，e_1, e_2 を基本ベクトルにとると，そのデカルト座標は (x, y) である．したがって，この1次変換は，

　　　　直角座標が (x, y) である点をデカルト座標が (x, y) である点へ移す

ことになる．したがって，

　　　1次変換で点 P_1, P_2 がそれぞれ P_1', P_2' へ移るとすると，P_1P_2 を $m:n$ の比に分ける点 Q は，$P_1'P_2'$ を $m:n$ の比に分ける点へ移す

ことになる．また，

　　　直角座標 (x, y) についての直線 $ax+by+c=0$ がデカルト座標 (x, y) についての直線へ移る

のであって，

　　　直線は直線へ移り，平行線は平行線へ移る

といえる．

P　ところで先生，この場合は $x=0$, $y=0$ に対応するのは $x'=0$, $y'=0$ で原点はつねに原点へ移るわけです．もっと広く原点も動くものを考えて，

$$x'=ax+by+k, \qquad y'=cx+dy+l \tag{1}$$

を考えてはどうですか．

T　もっともです．その変換は，アフィン変換（affine transformation）といわれていて，やはり大切です．

P　1次元の場合に，$x'=ax+b$ を1次変換というのでしたら，(1) こそ1次変換というべきではありませんか．

T　その通りです．本来は，

$$x'=ax+by, \qquad y'=cx+dy$$

は1次同次変換 というべきですが，これを ふつう 1次変換といっているのです．つまり，(x, y) を平面上の点の座標というより，むしろベクトルと考えているのです．

1次変換の線形性

　1次変換　　　$x'=ax+by, \qquad y'=cx+dy$

による写像 $(x, y) \rightarrow (x', y')$ については，次の基本的な性質がある．

　（I）　$(x, y) \rightarrow (x', y')$ のとき，$(kx, ky) \rightarrow (kx', ky')$

　（II）　$(x_1, y_1) \rightarrow (x_1', y_1')$，$(x_2, y_2) \rightarrow (x_2', y_2')$ のとき

　　　　　　$(x_1+x_2, \ y_1+y_2) \rightarrow (x_1'+x_2', \ y_1'+y_2')$

ベクトル $\boldsymbol{x}=(x, y)$，$\boldsymbol{x}'=(x', y')$ についていえば，

　（I）　$\boldsymbol{x} \rightarrow \boldsymbol{x}'$ のとき，$k\boldsymbol{x} \rightarrow k\boldsymbol{x}'$

（Ⅱ）　$x_1 \to x_1'$, $x_2 \to x_2'$ のとき，$x_1 + x_2 \to x_1' + x_2'$

また，$x' = f(x)$ とおくと，

（Ⅰ）　$f(kx) = kf(x)$

（Ⅱ）　$f(x_1 + x_2) = f(x_1) + f(x_2)$

である．この性質を f の線形性という．

P　いろいろな表わし方があるのですね．証明はすぐできます．（Ⅱ）でいうと，

$$x_1' = ax_1 + by_1, \qquad y_1' = cx_1 + dy_1$$
$$x_2' = ax_2 + by_2, \qquad y_2' = cx_2 + dy_2$$

によって，

$$x_1' + x_2' = a(x_1 + x_2) + b(y_1 + y_2), \qquad y_1' + y_2' = c(x_1 + x_2) + d(y_1 + y_2)$$

となるというだけのことです．（Ⅰ）はもっと楽です．しかし，この（Ⅰ），（Ⅱ）はよく使われるのですか．

T　そうです．先のことをやっていくとき，この考えをもとにすると，すっきりするので，基本とされています．

上で示したことの逆を考えてみよう．

―― 問 5. ――
> $x = (x, y)$ から $x' = (x', y')$ への写像 f があって，つねに
> $$f(kx) = kf(x),$$
> $$f(x_1 + x_2) = f(x_1) + f(x_2)$$
> であるとき，この写像は
> $$x' = ax + by, \qquad y' = cx + dy \qquad (a, b, c, d \text{ は定数})$$
> で表わされるものであることを示せ．

P　前に問1，問2では，1次元の場合に，それぞれ，

$$f(kx) = kf(x), \qquad f(x_1 + x_2) = f(x_1) + f(x_2)$$

の一方だけから $f(x) = ax$ を出すことを考えたのですね．こんどは，両方を使うのですね．さてどうしたらよいでしょうか．

T　$e_1 = (1, 0)$, $e_2 = (0, 1)$ とおいて，

$$x = xe_1 + ye_2$$

として考えてごらんなさい．

P　そうしますと，与えられた性質から，

$$x' = f(xe_1 + ye_2) = f(xe_1) + f(ye_2)$$
$$= xf(e_1) + yf(e_2) \tag{1}$$

また、 $\boldsymbol{x}'=(x',y')=x'\boldsymbol{e}_1+y'\boldsymbol{e}_2$ (2)

です. ああ, わかりました. $f(\boldsymbol{e}_1)$, $f(\boldsymbol{e}_2)$ の成分を考えて,

$$f(\boldsymbol{e}_1)=a\boldsymbol{e}_1+c\boldsymbol{e}_2, \qquad f(\boldsymbol{e}_2)=b\boldsymbol{e}_1+d\boldsymbol{e}_2$$

としますと, (1) から

$$\boldsymbol{x}'=x(a\boldsymbol{e}_1+c\boldsymbol{e}_2)+y(b\boldsymbol{e}_1+d\boldsymbol{e}_2)$$
$$=(ax+by)\boldsymbol{e}_1+(cx+dy)\boldsymbol{e}_2$$

これを (2) とくらべて,

$$x'=ax+by, \qquad y'=cx+dy \tag{3}$$

と出ます.

T　それで結構です. なおこの場合は, 1 次元の場合とちがって,

$$f(k\boldsymbol{x})=kf(\boldsymbol{x}) \tag{4}$$

だけからは (3) は出ません. そうした例としては, 次の例があります.

$$x'=\frac{x^2}{x+y}, \qquad y'=\frac{y^2}{2x+3y}$$

P　なるほど, x,y のところへ kx,ky とおきますと,

$$\frac{(kx)^2}{kx+ky}=k\frac{x^2}{x+y}, \qquad \frac{(ky)^2}{2kx+3ky}=k\frac{y^2}{2x+3y}$$

となってこれらは kx',ky' ですね. それでは,

$$f(\boldsymbol{x}_1+\boldsymbol{x}_2)=f(\boldsymbol{x}_1)+f(\boldsymbol{x}_2) \tag{5}$$

だけみたす場合はどうですか.

T　このときは, 問 2 と同じように扱えますが, ここでは省きます.

P　(4) (5) をみたす写像 f を線形といわれましたが, これにはどんな意味があるのですか.

T　線形というのは, 線型ともかきますが, 英語でいうと linear です. これは line (直線) の形容詞形で, 線形とも 1 次とも訳します. 1 次方程式というのは linear equation の訳です.

P　どうして, linear ということばが, 日本語では線形とも 1 次ともなるのですか.

T　ちょっと考えてごらんなさい. 線形というのは, 直線的ということですよ.

P　ああ, そうですか. 平面上で直角座標を考えますと,

　　　x,y の 1 次方程式は直線を表わす

ということがあります. あれと関連するのではありませんか.

T　そうです. その通りです. つまり, 直角座標を使うと,

　　　方程式の中で最も簡単な 1 次方程式
　　　線の中で最も基本的な直線

とが対応してくるのです．ここに，直角座標（もっと広くはデカルト座標）の有用性があるのです．

P なるほど，そういうわけですか．

T その上，回転をはじめとし，問4のような図形の1次変換では，直線が直線に移りますから，1次変換のことを線形写像ともいいます．もっとも，直線が直線に写るというだけでしたら，中心投影（1点からの投影）のようなものもありますが，これは，1次変換では表わせません．

P とにかく，線形性(4)(5)というのは基本的なことのようですね．

T そうです．現代数学での最も基本的なものの1つです．

1次変換の固有値と固有ベクトル

1次変換 $\qquad x' = ax + by, \qquad y' = cx + dy$

による写像 $(x, y) \to (x', y')$ では，この変換で変わらないベクトル (x_0, y_0) というのは，$(0, 0)$ 以外にはないのがふつうである．ところが，ある値 k に対して

$$(x_0, y_0) \to k(x_0, y_0) = (kx_0, ky_0)$$

となる (x_0, y_0) はいつでも考えられる．この k を1次変換の固有値，これに対する $(x_0, y_0) \neq (0, 0)$ を固有ベクトルという．こうしたことを考えてみよう．

--- 問6. ---

1次変換 $\qquad x' = 2x + y, \qquad y' = x + 2y$

による写像 $(x, y) \to (x', y')$ において，

$$(x', y') = k(x, y), \qquad (x, y) \neq (0, 0)$$

となる k の値と (x, y) を求めよ．

P つまり，この1次変換の固有値と固有ベクトルを求めるわけですね．そう難しそうでもありませんから，やってみます．

$$x' = kx, \qquad y' = ky$$

というのですから，

$$2x + y = kx, \qquad x + 2y = ky$$

これから，$\qquad (2-k)x + y = 0 \cdots (1) \qquad x + (2-k)y = 0 \cdots (2)$

$(1) \times (2-k) - (2)$ によって，

$$((2-k)^2 - 1)x = 0, \qquad \text{つまり} \quad (k-1)(k-3)x = 0$$

$x=0$ とすれば (1) によって $y=0$ ともなり $(x,y)=(0,0)$ ですがこれは除外
されていますから, $x \neq 0$, したがって,

$$(k-1)(k-3)=0, \qquad k=1,3$$

T　それで k が出ました. こんどは, $k=1$, $k=3$ の各場合について (x,y) を求
めて下さい.

P　$k=1$ のときは, (1) から $x+y=0$, (2) でも同じです.

　ですから, (x,y) は 1 つにはきまらないで, $(x,-x)$ の形です.

T　それでよいのですが, $x(1,-1)$ と考えましょう. x もちょっと感じが悪い
から p とでもかいて,

　　　$k=1$ のときの (x,y) は,　　　$p(1,-1)$

としましょう.

P　$p \neq 0$ である限り, p は任意ですね. こんどは $k=3$ をやります. (1) から,

$$-x+y=0, \qquad x=y$$

それで, $(p,p)=p(1,1)$ が $k=3$ に対するベクトルです.

T　答をまとめて下さい.

P　結局, 問題に合う k と (x,y) は次のようです.

　　　$k=1$ で　$(x,y)=p(1,-1)$,
　　　$k=3$ で　$(x,y)=p(1,1)$

ところで, これは図の上ではどんな意味をもつのでしょうか.

T　この場合は, (x,y), (x',y') が同じ座標平面上で考えるのがよいわけです.
つまり, この 1 次変換で,

　　　$\boldsymbol{e}_1=(1,-1)$ は $\boldsymbol{e}_1'=\boldsymbol{e}_1$
　　　$\boldsymbol{e}_2=(1,1)$ は $\boldsymbol{e}_2'=3\boldsymbol{e}_2$

となるというのです. ですから, 任意のベクト
ル $\boldsymbol{x}$ を,

　　　$\boldsymbol{x}=p_1\boldsymbol{e}_1+p_2\boldsymbol{e}_2$

と表わしますと, 112 ページのことから, この
変換で $\boldsymbol{x}$ が,

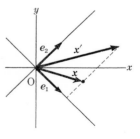

　　　$\boldsymbol{x}'=p_1\boldsymbol{e}_1'+p_2\boldsymbol{e}_2'=p_1\boldsymbol{e}_1+3p_2\boldsymbol{e}_2$

へ移ることになります.

P　大へんよくわかりました. ここで, $\boldsymbol{e}_1=(1,-1), \boldsymbol{e}_2=(1,1)$ が直交していま
すね. いつでもそうなるのですか.

T　いやそうではありません. もっとも,

$$x'=ax+by, \qquad y'=cx+dy \qquad (ad-bc \neq 0) \qquad\qquad (3)$$

で，$b=c$ のときはいつもそうなります.

P　e_1, e_2 が直交しないとしても，上のようなことはいつでもやれるのですか.

T　そうともいえません．一般の場合 (3) で，

$$x'=kx, \qquad y'=ky$$

として問 6 と同じような計算をしますと，

$$(a-k)(d-k)-bc=0$$

という k についての 2 次方程式が出てきます．この 2 次方程式で，

ことなる 2 つの実根がある

ときにうまくいくので，あとの場合はようすがちがってきます．詳しいことはここではやめておきます.

P　こうしたことは大切なのですか.

T　固有値問題といって，とても大切です．しかし，そうしたことをやるのにも行列（マトリックス）を学んでおく必要があります．行列のことは，また日を改めてお話ししましょう.

[練習問題]

6.　次の 1 次変換の固有値と固有ベクトルを求め，座標平面上でのその意味を明らかにせよ.

$$(1) \begin{cases} x'=2x+y \\ y'=2x+3y \end{cases} \qquad (2) \begin{cases} x'=4x-2y \\ y'=-2x+7y \end{cases}$$

7

2次以上の関数

> ものごとの理論的な扱いにおいては，すべての場合に通ずる一般論が基本となるが，個々の場合について，それらの特徴を明確にすることもたいせつである．ここでは，2次，3次，4次の関数について，これを考察する．

　x の2次関数，3次関数の性質はよく知っている．ここでは，これらについて補足的ではあるが大切なことについて調べていくことにする．

関数値から関数をきめること

　まず，1次関数 $f(x)=px+q$ について，a,b $(a{\,\neq\,}b)$，A,B が与えられた値とし，

$$f(a)=A, \qquad f(b)=B$$

であると，

$$pa+q=A, \qquad pb+q=B$$

から，

$$p=\frac{A-B}{a-b}, \qquad q=\frac{aB-bA}{a-b}$$

となって，

$$f(x)=\frac{A-B}{a-b}x+\frac{aB-bA}{a-b}$$

　これは，$A{\,\neq\,}B$ である限り1次関数となる．

　また，この結果は，グラフでいうと，2点 (a,A)，(b,B) をとおる直線の方程式が

$$y = \frac{A-B}{a-b}x + \frac{aB-bA}{a-b}$$

で与えられることを示している.

上の $f(x)$ は, 次のようにも表わされる.

$$f(x) = A\frac{x-b}{a-b} + B\frac{x-a}{b-a} \qquad (\text{I})$$

P　この形の方が, $f(a)=A$, $f(b)=B$ となることは, 見やすいですね.

T　そうです. これから2次関数を考えるのですが, これに似た形が中心となります.

上で1次関数について考えたことを, 2次関数で扱ってみよう.

> ── 問1. ─────────────────────
>
> a,b,c, A,B,C が与えられた定数で, a,b,c はちがう数とする.
> $f(a)=A$, $f(b)=B$, $f(c)=C$ となる2次関数 $f(x)$ を求めよ.

P　$f(x) = px^2 + qx + r$ とおくと,

$$pa^2 + qa + r = A \qquad (1)$$
$$pb^2 + qb + r = B \qquad (2)$$
$$pc^2 + qc + r = C \qquad (3)$$

これから p,q,r を求めればよいわけでしょう.

$(1)-(2)$ を作って $a-b$ で割ると,

$$p(a+b) + q = \frac{A-B}{a-b} \qquad (4)$$

$(1)-(3)$ を作って $a-c$ で割ると,

$$p(a+c) + q = \frac{A-C}{a-c} \qquad (5)$$

$(4)-(5)$ を作って $b-c$ で割ると,

$$p = \frac{1}{b-c}\left(\frac{A-B}{a-b} - \frac{A-C}{a-c}\right)$$

これを (4) に入れて q を求め, さらに (1) から r を求めればよいわけです. しかし, めんどうですね.

T　そうです. 数値ならとにかく, 式だと厄介ですね. ところが, 実はこの答を A,B,C で整理すると,

$$f(x) = A\frac{(x-b)(x-c)}{(a-b)(a-c)} + B\frac{(x-a)(x-c)}{(b-a)(b-c)} + C\frac{(x-a)(x-b)}{(c-a)(c-b)} \qquad (\text{II})$$

というきれいな形になるのです. これは（Ⅰ）の形に呼応します.

P あとで, 上で求めた p, q, r で確かめてみます.

T そうです. 若い人はそれくらいの馬力がたいせつです. ここでは,（Ⅱ）を直接に導くことをやってみましょう.

解 まず, $x=b$, $x=c$ で 0, $x=a$ で 1 となる 2 次関数 $\varphi_1(x)$ は次のようにして求められる.

$\varphi_1(x)$ は $x-b$, $x-c$ で割り切れるから,

$$\varphi_1(x)=l(x-b)(x-c)$$

$\varphi_1(a)=1$ だから, $1=l(a-b)(a-c)$

これから l を求めて, $\varphi_1(x)=\dfrac{(x-b)(x-c)}{(a-b)(a-c)}$ (1)

同じように $x=a$, $x=c$ で 0, $x=b$ で 1 となる 2 次関数は,

$$\varphi_2(x)=\dfrac{(x-a)(x-c)}{(b-a)(b-c)} \tag{2}$$

また, $x=a$, $x=b$ で 0, $x=c$ で 1 となる 2 次関数は,

$$\varphi_3(x)=\dfrac{(x-a)(x-b)}{(c-a)(c-b)} \tag{3}$$

(1)(2)(3) の $\varphi_1(x)$, $\varphi_2(x)$, $\varphi_3(x)$ を使って,

$$f(x)=A\varphi_1(x)+B\varphi_2(x)+C\varphi_3(x)$$

とおくと, $\varphi_i(x)$ $(i=1,2,3)$ の作り方から考えて,

$$f(a)=A, \quad f(b)=B, \quad f(c)=C$$

そこで, この条件をみたす 2 次以下の関数は $f(x)$ の他にないことを示しておこう. いま, $g(x)$ が 2 次以下の関数で,

$$g(a)=A, \quad g(b)=B, \quad g(c)=C$$

とし, $f(x)-g(x)=h(x)$ とおくと, これも 2 次以下の関数で, しかも

$$h(a)=0, \quad h(b)=0, \quad h(c)=0$$

だから, $h(x)$ は $x-a$, $x-b$, $x-c$ で割り切れる. a, b, c はちがった数だから, $h(x)$ は $(x-a)(x-b)(x-c)$ で割り切れることになり, 次数から考えて $h(x)=0$, したがって $f(x)=g(x)$

P 大変うまいやり方ですね. $\varphi_i(x)\,(i=1,2,3)$ を作って利用することなど到底思いつきません. 終りのところも, 同じです. これで (II) が出たわけです.
しかし, これは, 2次式とは限りませんね.

T そうです.

$$\frac{A}{(a-b)(a-c)}+\frac{B}{(b-a)(b-c)}+\frac{C}{(c-a)(c-b)}=0$$

のときは1次または定数となります. この条件は

$$A(b-c)+B(c-a)+C(a-b)=0$$

また,

$$\frac{A-B}{a-b}=\frac{A-C}{a-c}$$

とも書き直されます. これはグラフでいうと3点 $(a,A),(b,B),(c,C)$ が1直線上にある場合です.

また, 解の終りのところのことは,

$f(x),g(x)$ が2次以下の関数で, ことなる a,b,c について,

$$f(a)=g(a),\ f(b)=g(b),\ f(c)=g(c)$$

ならば, $f(x),g(x)$ は同じ関数である

という定理です. これは, $f(x),g(x)$ が3次以上のときにも考えられます. そして, なかなか大切なものなのです.

[練習問題]

1. $f(0)=A$, $f(h)=B$, $f(2h)=C$ となる高々2次の関数 $f(x)$ を求めよ.

2. 次の等式の成り立つ理由をいえ.

$$x^2=a^2\frac{(x-b)(x-c)}{(a-b)(a-c)}+b^2\frac{(x-c)(x-a)}{(b-c)(b-a)}+c^2\frac{(x-a)(x-b)}{(c-a)(c-b)}$$

3. 問1に当ることを高々3次の関数について考えよ.

関数のグラフ

2次関数 $f(x)=ax^2+bx+c$ $\quad(a\neq0)$
のグラフについては,

$$f(x)=a\left(x+\frac{b}{2a}\right)^2+\frac{4ac-b^2}{4a}\qquad(1)$$

によって直線 $x=-\dfrac{b}{2a}$ について 線対称であることがわかる.

これに対して, 3次関数

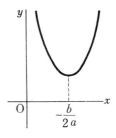

$$f(x) = ax^3 + bx^2 + cx + d \quad\quad (a \neq 0) \tag{2}$$

のグラフはどうなっているかを考えてみよう.

まず, (1) にならって次のように変形する.

$$f(x) = a\left(x + \frac{b}{3a}\right)^3 + k\left(x + \frac{b}{3a}\right) + l$$

$$\text{ここに} \quad k = c - \frac{b^2}{3a}, \quad l = d - \frac{bc}{3a} + \frac{2b^3}{27a^2}$$

したがって, $y = f(x)$ とおくと,

$$y - l = a\left(x + \frac{b}{3a}\right)^3 + k\left(x + \frac{b}{3a}\right)$$

点 $\left(-\dfrac{b}{3a},\, l\right)$ が原点になるように座標軸を
平行移動 すると, はじめの 座標軸 について
(x, y) という座標をもった点のあとの座標軸
についての座標を (X, Y) とするとき,

$$X = x + \frac{b}{3a}, \quad Y = y - l$$

したがってこの新しい座標軸については, (1) は次のように表わせる.

$$Y = aX^3 + kX \tag{3}$$

ここで, X の代わりに $-X$ とおくと Y も $-Y$ となる. つまり Y は
X の奇関数である. したがって, このグラフは 原点について 対称であ
る. もとの (2) についていえば, 点 $\left(-\dfrac{b}{3a},\, l\right)$ について対称となるわけ
である. こうして,

      3 次関数のグラフは, その上の点について点対称である

といえる.

P   3 次関数の代表的なものとして学んだ

$$y = x^3, \quad\quad y = x^3 + 3x, \quad\quad y = x^3 - 3x$$

   などのグラフが原点対称であることは知っていましたが, 一般の 3 次関数のグ
   ラフが点対称であることは, 気がつきませんでした.

    上の (3) の形からもわかるように, 3 次関数

$$f(x) = ax^3 + bx^2 + cx + d$$

のグラフは, $a>0$ の場合次のように分類される.

なお, $\qquad f'(x)=3ax^2+2bx+c$

$\qquad\qquad f''(x)=2(3ax+b)$

であることから, グラフの点対称の中心 $\left(-\dfrac{b}{3a},\ l\right)$ は $f''(x)$ の値の符号

の変わる点, つまり変曲点であることがわかる.

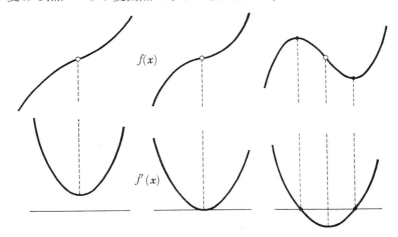

次に3次関数のグラフの性質を問題として掲げよう. これによって, 上で示したグラフの点対称性の別証明を与えることができる.

問 2.

次のことを証明せよ.

(1) x の3次関数のグラフと3点で交わる任意の直線をひくとき, これらの3点の重心は一定の直線上にある.

(2) この直線とグラフとの交点に関して, グラフは点対称である.

P　3次関数を $f(x)=ax^3+bx^2+cx+d$ としますと, これと直線 $y=px+q$ との交点の x 座標は,

$\qquad\qquad ax^3+bx^2+cx+d=px+q$

つまり, $\qquad ax^3+bx^2+(c-p)x+(d-q)=0$

の解です. その3つの解のことを考えるのですから, 3次方程式の解と係数の

関係が要るのではありませんか. 一般に,

3次方程式 $ax^3+bx^2+cx+d=0$ の3つ
の解を α, β, γ とすると,

$$\alpha+\beta+\gamma=-\frac{b}{a},\quad \alpha\beta+\alpha\gamma+\beta\gamma=\frac{c}{a},$$

$$\alpha\beta\gamma=-\frac{d}{a}$$

という関係を習ったことがあります.

T そうです. これは,

$$ax^3+bx^2+bx+d=a(x-\alpha)(x-\beta)(x-\gamma)$$

という式の両辺の $x^2, x, 1$ の係数をくらべて出る式です.

これを使って問2の証明をやって下さい.

解　(1)　3次関数を　$y=ax^3+bx^2+cx+d$
とし, これと3点で交わる任意の直線を

$$y=px+q$$

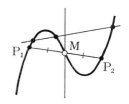

とすると, その3点の x 座標 α, β, γ は次
の3次方程式の解(根)である.

$$ax^3+bx^2+cx+d=px+q$$

つまり, $ax^3+bx^2+(c-p)x+(d-q)=0\cdots(*)$
だから, 解(根)と係数の関係によって,

$$\alpha+\beta+\gamma=-\frac{b}{a}$$

したがって, 3つの交点の重心 G の x 座標は,

$$\frac{\alpha+\beta+\gamma}{3}=-\frac{b}{3a}(=m とおく)$$

これは p, q に関係なく一定で, G は直線 $x=m$ の上にある.

(2)　直線 $x=m$ とこの3次関数のグラフとの交点を M とする.
M を通る直線がグラフと交わる点 P₁, P₂ とし, その x 座標をそ
れぞれ x_1, x_2 とすると, (1)の結果によって3点 P₁, P₂, M の重心
も直線 $x=m$ の上にあるから,

$$\frac{x_1+x_2+m}{3}=m\quad これから\quad \frac{x_1+x_2}{2}=m$$

したがって2点 P_1, P_2 の中点が M で，このグラフは M について点
対称である．

P (1) の結果は面白いですね．結局 p, q が方程式 (*) の3次，2次の項に入っ
てこないことが効いているのですね．

T そうです．だから，2次関数

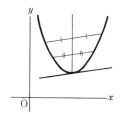

$$y = ax^2 + bx + c$$

のグラフと直線

$$y = px + q$$

の交点の x 座標は

$$ax^2 + (b-p)x + (c-q) = 0$$

の解で，これは

$$p = 一定$$

のとき，問2 (1) と同じようなことがいえるのです．それは，

（ⅰ）（ⅱ）の交点の中点は，$p=$ 一定（つまり直線の方向が一定）のとき一定
の直線上にある

ということになるのです．

[練習問題]

4. 3次式 $y = ax^3 + bx^2 + cx + d$ のグラフの上の x 座標が x_1 の点での接線が，
ふたたびこのグラフと交わる点の x 座標を x_2 とするとき，x_2 を x_1 で表わせ．

5. $y = (x-a)(x-b)(x-c)$ のグラフで，$x = a$, $x = \dfrac{b+c}{2}$ の2点を結ぶ直線は
接線になっている．なぜか．

次に4次関数のグラフを考えよう．これを問題として研究する．

～～～ **問 3.** ～～～～～～～～～～～～～～～～～～～～～～～

x の4次関数 $f(x) = ax^4 + bx^3 + cx^2 + dx + e$ $(a > 0)$ のグラフに
ついて，その形を調べよ．

～～～～～～～～～～～～～～～～～～～～～～～～～～～～～～～～～

P 今回は大きな問題ですね．$a > 0$ というのも，これを考えれば $a < 0$ の場合は
x 軸について対称となるだけです．

T そうです．時には，こうしたものをゆっくり調べて下さい．

P まず， $f'(x) = 4ax^3 + 3bx^2 + 2cx + d$

を考えます．その符号によって $f(x)$ の増減がきまります．

$a > 0$ ですから，$f'(x)$ の符号の変化は，

(A)   −   +   (B)   −   +   −   +

の場合がある. ただし, −や+の途中で0になることもある.

また, (A),(B) の各場合に

$$f''(x)=12ax^2+6bx+2c$$

の符号を考える. これには,

(P)   +   (Q)   +   −   +

の 2 つの場合があります. (P) では 0 になることもあるとします.

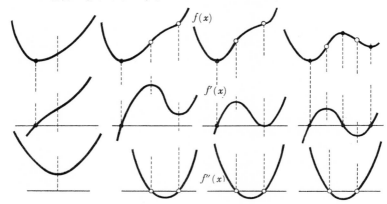

練習問題

6. 次の 4 次関数のグラフをかけ.

    (1) x^4+x^2-6x-1 (2) $\dfrac{1}{4}(x^4-6x^2+9x-2)$

    (3) $\dfrac{1}{16}(x^4-14x^2+24x-18)$

定積分

$f(x)$ が 1 次関数のときは,

$$\int_a^b f(x)dx=\frac{b-a}{2}(f(a)+f(b)) \quad (\mathrm{I})$$

これは, $a<b$, 区間 $[a,b]$ で $f(x)\geqq 0$ のときは,
台形についての面積の公式から得られる. そうで
なくて一般の場合にもこれは成り立つ.

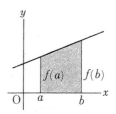

P   これは $f(x)=px+q$ とおいて計算すれば容易に出

ますね.

T ちょっとやってごらんなさい.

P $\int_a^b (px+q)dx = \left[\dfrac{p}{2}x^2 + qx\right]_a^b = \dfrac{p}{2}(b^2-a^2) + q(b-a)$

$= \dfrac{b-a}{2}(p(a+b)+2q)$

また, $f(a)+f(b) = pa+q+pb+q = p(a+b)+2q$

これでできました.

T これは, $f(x)=x$, $f(x)=1$ の場合を別々に考えて,

$$\int_a^b x\,dx = \left[\dfrac{x^2}{2}\right]_a^b = \dfrac{1}{2}(b^2-a^2) = \dfrac{b-a}{2}(a+b)$$

$$\int_a^b dx = \left[\ x\ \right]_a^b = b-a = \dfrac{b-a}{2}(1+1)$$

$(1)\times p + (2)\times q$ としても得られます.

P ほとんど同じではありませんか.

T 計算はそうですが, p のついている方, q のついている方と別々に考えてよいということは注目してもよいでしょう. 2次以上でもこれが通用します.

P 遠謀深慮ですね.

そこで, 2次関数の場合を問題として扱ってみよう.

～ 問 4. ～

$f(x)$ が2次関数のとき,

$$\int_a^b f(x)dx = \dfrac{b-a}{6}\Big(f(a) + f(b) + 4f\Big(\dfrac{a+b}{2}\Big)\Big)$$

が成り立つ. これを確かめよ.

P これもやさしそうですね. 1次関数のときのご注意に従ってやってみます.

解 1. $f(x) = px^2 + qx + r$ とおいて, まず, $x^2, x, 1$ について確かめる.

$$\int_a^b x^2 dx = \left[\dfrac{x^3}{3}\right]_a^b = \dfrac{b^3-a^3}{3} = \dfrac{b-a}{6}(2a^2+2ab+2b^2)$$

$$= \dfrac{b-a}{6}\Big(a^2+b^2+4\Big(\dfrac{a+b}{2}\Big)^2\Big) \qquad (1)$$

$$\int_a^b x\,dx = \left[\dfrac{x^2}{2}\right]_a^b = \dfrac{b^2-a^2}{2} = \dfrac{a-b}{6}(3a+3b)$$

$$=\frac{b-a}{6}\Big(a+b+4\Big(\frac{a+b}{2}\Big)\Big) \tag{2}$$

$$\int_a^b dx=\Big[x\Big]_a^b=b-a=\frac{b-a}{6}\cdot 6$$

$$=\frac{b-a}{6}(1+1+4) \tag{3}$$

$(1)\times p+(2)\times q+(3)\times r$ によって証明がすむ.

P　この場合は，やはり分けて考えてすっきりしました.

T　グラフで考えると次のようにもいえます.

$x_0=\dfrac{a+b}{2}$,　$h=\dfrac{b-a}{2}$ とおくと，

　　　$x_0-h=a$,　　$x_0+h=b$

x_0, x_0-h, x_0+h での $y=f(x)$ の値をそれぞれ y_0,y_1,y_2 とすると，

$$\int_{x_0-h}^{x_0+h}ydx=\frac{h}{3}(y_1+y_2+4y_0)$$

そこで，座標軸を横へずらして x_0 を原点にして考え，このときの y を考えてもよいのです. これは，次のようにいえます.

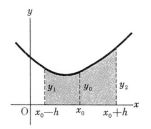

解 2.　$\dfrac{a+b}{2}=x_0$,　$\dfrac{b-a}{2}=h$ とおくと，

　　　$a=x_0-h$,　$b=x_0+h$

そこで，　　　　　　$x=x_0+t$

とおいて変数 x を t に変えると，

　　　　　　$dx=dt$

であることから，

$$\int_a^b f(x)dx=\int_{x_0-h}^{x_0+h}f(x)dx=\int_{-h}^{h}f(x_0+t)dt \tag{1}$$

いま，　　　　　$f(x_0+t)=At^2+Bt+C \tag{2}$

とおくと，

$$\int_{-h}^{h}f(x_0+t)dt=\int_{-h}^{h}(At^2+Bt+C)dt$$

$$=\left[\frac{1}{3}At^3+\frac{1}{2}Bt^2+Ct\right]_{-h}^{h}=\frac{2}{3}Ah^3+2Ch \qquad (3)$$

また，(1) から，

$$f(a)=f(x_0-h)=Ah^2-Bh+C$$

$$f(b)=f(x_0+h)=Ah^2+Bh+C$$

$$f\!\left(\frac{a+b}{2}\right)=f(x_0)=C$$

したがって，

$$\frac{b-a}{6}\Big(f(a)+f(b)+4f\!\Big(\frac{a+b}{2}\Big)\Big)=\frac{2h}{6}(2Ah^2+6C)=\frac{2}{3}Ah^3+2Ch$$

$$(4)$$

(1)(3)(4) によって証明ができたことになる．

P 計算そのものは，解1より少し楽ですね．

T 実は，この公式

$$\int_a^b f(x)dx=\frac{b-a}{6}\Big(f(a)+f(b)+4f\!\Big(\frac{a+b}{2}\Big)\Big) \qquad (\mathrm{II})$$

は $f(x)$ が3次式でも成り立つのです．それは，解1のやり方でもわかりますが，解2ですと，(2) の代わりに

$$f(x_0+t)=At^3+Bt^2+Ct+D$$

となるのですが，あとの計算は解2をちょっとかえるだけです．

P 4次式になるともうだめですか．

T それはだめです．こんどは $[a,b]$ の3等分点が要るでしょう．

P この公式 (II) は応用が広いでしょうね．

T そうです．一般の関数 $f(x)$ について，定積分

$$\int_a^b f(x)dx$$

の近似値を求めるのに，区間 $[a,b]$ を n 等分し，各細分区間では $f(x)$ を2次関数と考えて近似的に (II) によって値を求めることは，シンプソンの方法として有名です．

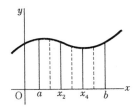

[練習問題]

7. 問4の公式によって，次の積分を求めよ．

(1) $\displaystyle\int_1^3(3x^2-5x+1)dx$ 　　　(2) $\displaystyle\int_a^b(b-x)(x-a)dx$

8.　2つの放物線 $y=ax^2+bx+c$, $y=px^2+qx+r$ が2点で交わるとき，その囲む面積を問4の公式によって求めよ.

　ある定理が わかったとき， その逆が 成り立つかどうかと 考えることは，数学を学んでいくときの常道である．ここでは，124ページ（Ⅰ）の逆を問題にしよう.

> **問 5.**
> 　$f(x)$ が微分可能な関数で，任意の定数 a,b について，
> $$\int_a^b f(x)dx = \frac{b-a}{2}(f(a)+f(b))$$
> とする．$f(x)$ を求めよ.

P　どうしたらよいか，さっぱりわかりません.

T　a,b が任意の実数ですから，これをいろいろに変えてごらんなさい．もっとも，両方一度に変えるより，一方を固定して他方を変えるのがよいでしょう.

P　それでは，a を固定して，b を変えてみます．b では気になりますから，$b=t$ とおいて，
$$\int_a^t f(x)dx = \frac{t-a}{2}(f(a)+f(t)) \tag{1}$$
とします．左辺の積分がじゃまですから，これを除くには t で微分すればよいでしょう.
$$\frac{d}{dt}\int_a^t f(x)dx = f(t)$$
というのが定積分の基本でした.

P　そうです．よく覚えていましたね．それでやってごらんなさい.

T　(1)の両辺を t で微分しますと，
$$f(t) = \frac{1}{2}(f(a)+f(t)) + \frac{t-a}{2}f'(t) \tag{2}$$
これから，　　　　　$f(t)-f(a) = (t-a)f'(t)$
さあどうしたらよいでしょうか．（暫く考えて）ああ，これは $f(t)$ の微分方程式ですね．$y=f(t)$ とおきますと，
$$y-a = (t-a)\frac{dy}{dt} \tag{3}$$
ですから，こういう形のものはやったことがあります．変数分離形というのでした.

$$\frac{dy}{y-a}=\frac{dt}{t-a}$$

とやって，両辺を積分して， $\log|y-a|=\log|t-a|+c$

$$y-a=\pm e^c(t-a)$$

これで y は t の 1 次関数になります．つまり， $f(x)$ は x の 1 次関数です．

T それで大体よいのですが，実は (3) の解には $y=a$ （一定）というのがある わけで，$f(x)$ は高々 1 次の関数というのが正しいのです．

P 「高々」というのは，あまり感じのよくない言葉ですね．

T それでも便利だから使います．at most という語の訳ですが，純粋の日本 語でいえば，「高くて」とか「せいぜい」ということになりましょう．

　ところで，あなたの上の解は正しいのですが，実は，(2) で

　　　　t を定数，a を変数

とみれば，はじめから $f(a)$ が a の高々 1 次の関数であることがわかっていたのです．

P なんだ，そんなことだったのですか．くたびれもうけでした．

T それでは，解をまとめて下さい．

P そうします．もう，a,b のままでどしどし変数扱いすることにします．

解 $\displaystyle\int_a^b f(x)dx=\frac{b-a}{2}(f(a)+f(b))$

　a を定数，b を変数とみて両辺を b で微分すると，

$$f(b)=\frac{1}{2}(f(a)+f(b))+\frac{b-a}{2}f'(b)$$

　したがって， $f(a)=f(b)+(a-b)f'(b)$

　$a=x$ とおくと， $f(x)=xf'(b)+(f(b)-bf'(b))$

　b を定数とみることによって，$f(x)$ は x について 高々 1 次の関数となる．

[練習問題]

9. $f(x)$ が $f'''(x)$ の存在する関数で，任意の a,b について，

$$\int_a^b f(x)dx=\frac{b-a}{6}\left(f(a)+f(b)+4f\left(\frac{a+b}{2}\right)\right)$$

となっているとき，$f(x)$ を求めよ．

分 数 関 数

　分数式で与えられる関数の中で，最も簡単な1次分数関数も，変換の立場からとらえると興味深いものである．2次分数関数は，その標準の型がいろいろあって，このことは面白いが，変換としての妙味には乏しい．

　分数式で表わされる関数が分数関数である．ここでは，

1次分数関数　$y = \dfrac{ax+b}{cx+d}$

2次分数関数　$y = \dfrac{ax^2+bx+c}{px^2+qx+r}$

について考えよう．

1次分数関数

$$y = \frac{ax+b}{cx+d} \qquad (ad-bc \neq 0, c \neq 0)$$

これは，　　　$y = \dfrac{k}{x-p} + l$ 　　　　　　　　　　(1)

の形に変形される．ここで，

$$p = -\frac{d}{c}, \qquad k = \frac{bc-ad}{c^2}, \qquad l = \frac{a}{c}$$

である．したがって，この関数の本質的なものは，

$$y = \frac{k}{x}$$ 　　　　　　　　　　(2)

にあって，(1)のグラフは，これを平行移動したものである．

─── 問 1. ───

2辺の長さ $a, b\,(a>b)$ の長方形 ABCD に，図のように外接する長方形 PQRS の2辺の長さの比 $\dfrac{\mathrm{PQ}}{\mathrm{QR}}$ を，$x=\tan\theta$ の関数として表わし，そのとる値の範囲を調べよ．

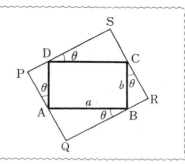

P　これだけていねいに指示されていれば，何でもありません．やってみます．

解　　$\mathrm{PQ}=a\sin\theta+b\cos\theta,$
　　　　$\mathrm{QR}=a\cos\theta+b\sin\theta$

したがって，

$$y=\frac{\mathrm{PQ}}{\mathrm{QR}}=\frac{a\sin\theta+b\cos\theta}{a\cos\theta+b\sin\theta}=\frac{a\tan\theta+b}{a+b\tan\theta}$$

となって，　　　　$y=\dfrac{ax+b}{bx+a}$

これを変形して，

$$y=\frac{a}{b}-\frac{a^2-b^2}{b(bx+a)}\qquad (a>b>0)$$

$x=\tan\theta$ は 0 から ∞ まで変わるが，それにつれて，y の値は $\dfrac{b}{a}$ から次第に増加して $\dfrac{a}{b}$ へ近づく．

したがって，　　　　$\dfrac{a}{b}>y>\dfrac{b}{a}$

T　それで結構です．もっと平俗にいうと，

　　　長方形 PQRS は，長方形 ABCD より平たくならない

というわけです．ここでは $a>b$ で考えていますが，$a=b$ のときはつねに $y=1$．つまり，

　　　正方形に外接する長方形は，正方形に限る

のです.

　また, 問1の後半は, 次のように考えてもできます. この問題は,

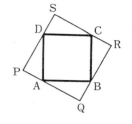

$$y = \frac{ax+b}{bx+a} \tag{1}$$

による写像 $x \to y$ で, x の変域が $\{x|x>0\}$ であることから, y の値域を定めることと考えられます. こうするとどういえますか.

P　y の値が値域に入るというのは, 与えられた y の値に対し,

$$y = \frac{ax+b}{bx+a} \text{ である } x \text{ が定義域に入っている. つまり } x>0$$

ということです. だから, (1) を x について解いて,

$$y(bx+a) = ax+b \text{ から,} \qquad x = \frac{b-ay}{by-a}$$

これが正という条件から,

$$\frac{b-ay}{by-a} > 0, \qquad \text{したがって} \quad \frac{b}{a} < y < \frac{a}{b}$$

これでできました.

T　それで結構です. しかし, このやり方と解のやり方とは随分ちがうでしょう. 解の考え方は,

　　　x の値が変わるにつれて y の値はどう変わるか

という, いわば順思考に従うものであり, あとの解は,

　　　y の値に対して, その原像 x を求める

という, 逆思考の考え方です.

P　こうした考えは, 他にも見られるのでしょうね.

T　そうです. いろいろのところに見られます. たとえば, 2次関数

$$y = x^2 - x + 1$$

で x が任意の実数値をとるとき,

$$y = \left(x - \frac{1}{2}\right)^2 + \frac{3}{4}$$

によって, y のとる値の範囲が, $\left\{y \left| y \geqq \frac{3}{4} \right.\right\}$ であるというのは順思考です. これに対して, 逆思考では,

　　　与えられた y の値に対し, $y = x^2 - x + 1$ となる x の値が存在するか

というので, この式を x について解いて,

$$x = \frac{1}{2}(1 \pm \sqrt{3-4y})$$

これが実数であるための条件として，$y \geqq \dfrac{3}{4}$ を導くわけです.

[練習問題]

1. 　5％の食塩水 100 g に 15％の食塩水 xg を混ぜて y％の食塩水ができたとするとき，y を x の関数で表わしてそのグラフをかけ.
2. 　点 P が数直線上を動くとき，A, B, P の座標を，それぞれ，a, b, x として $\dfrac{\mathrm{AP}}{\mathrm{PB}}$ を x の関数として表わし，そのグラフをかけ.（$a < b$ とする）

2次分数関数

　これは，
$$y = \frac{ax_2 + bx + c}{px^2 + qx + r}$$
で，右辺の式は既約分数式，a, b の少くとも一方は 0 でないという場合である．これには大きくわけて，分母が 1 次のときと，2 次のときがある.

（I）　分母が 1 次式の場合

　このときは，分子を分母で割ると，
$$y = kx + l + \frac{n}{x+m} \qquad (k \neq 0)$$
の形になる．そこで，
$$x_1 = x + m, \qquad y_1 = \frac{1}{k}y + h$$
という変換を行なうと，結局次の形に帰着する.
$$y = x + \frac{a}{x} \qquad (a \neq 0)$$

このとき，$y' = 1 - \dfrac{a}{x^2}$

$a > 0$ のときは，$y' = \dfrac{(x - \sqrt{a})(x + \sqrt{a})}{x^2}$

となって，$x = -\sqrt{a}$ で極大，$x = \sqrt{a}$ で極小となる.

$a < 0$ のときは，つねに $y' > 0$ で，y はつねに増加する.
（$x > 0, x < 0$ は分けて考える）

　そのグラフは，$a > 0$, $a < 0$ に応じて次のようである.

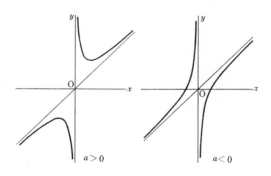

（Ⅱ）　分母が2次式の場合.

　このときは，分子を分母で割ると，

$$y=\frac{px+q}{x^2+kx+l}+m$$

の形になる. そこで，

$$x'=x+\frac{k}{2}, \qquad y'=y-m$$

という変換によって，結局，次の形になる.

$$y=\frac{rx+s}{x^2+n}$$

　$r=0$ のときは，　　　　　$y=\dfrac{s}{x^2+n}$

　$s=1$ として，$n>0$, $n=0$, $n<0$ に応じてグラフをかいておく.

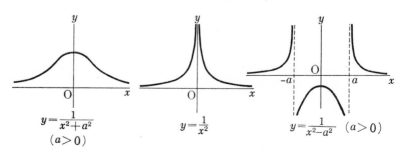

$r \neq 0$ のときは, $y' = \dfrac{1}{r}y$ という変換によって, 結局次の形になる.

$$y = \frac{x-c}{x^2+n}$$

そこで, $n>0$, $n=0$, $n<0$ に応じて問題として順に考えていこう.

───── 問 2. ─────

次の関数の増減を調べてグラフをかけ.

$$y = \frac{x-c}{x^2+a^2} \qquad (a \neq 0)$$

解　$y' = \dfrac{x^2+a^2-2x(x-c)}{(x^2+a^2)^2} = \dfrac{-(x^2-2cx-a^2)}{(x^2+a^2)^2}$

$y'=0$ となる x の値は,

$$\alpha = c - \sqrt{c^2+a^2}, \qquad \beta = c + \sqrt{c^2+a^2}$$

x	$-\infty$		α		β		∞
y'		$-$		$+$		$-$	
y	0	$\searrow$		$\nearrow$		$\searrow$	0

グラフは次のようである.

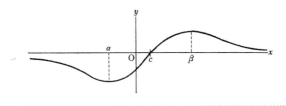

P 点 $(c, 0)$ について対称というわけではありませんね.

T そうです. このグラフでは, 変曲点がポイントの1つですが, そこまではやらないことにします.

問 3.

次の関数の増減を調べてグラフをかけ.

$$y=\frac{x-c}{x^2} \qquad (c>0)$$

解　　$y'=\dfrac{x^2-2x(x-c)}{x^4}=\dfrac{-(x-2c)}{x^3}$

x		0		$2c$	
y'	$-$		$+$		$-$
y	$\searrow$		$\nearrow$	$\dfrac{1}{4c}$	$\searrow$

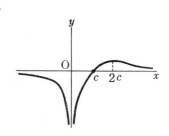

$|x|$ の値の大きいところでは, y の
値はほぼ $\dfrac{x}{x^2}=\dfrac{1}{x}$ である.
グラフは右のようになる.

問 4.

次の関数の増減を調べてグラフをかけ.

$$y=\frac{x-c}{x^2-a^2} \qquad (a>0,\ c \neq \pm a)$$

解　　$y'=\dfrac{x^2-a^2-2x(x-c)}{(x^2-a^2)^2}=\dfrac{-(x^2-2cx+a^2)}{(x^2-a^2)^2}$

$y'=0$ となる x の値は, $c^2>a^2$ のときに2つ存在し,

$$\alpha=c-\sqrt{c^2-a^2}, \qquad \beta=c+\sqrt{c^2-a^2}$$

$c>a$ のときは, $\alpha+\beta=2c>0$, $\alpha\beta=a^2$ によって, $\beta>a>\alpha>0$.

x	$-\infty$		$-a$		α		a		β		∞
y'		$-$		$-$		$+$		$+$		$-$	
y	0	$\searrow$		$\searrow$		$\nearrow$		$\nearrow$		$\searrow$	0

$c<-a$ のときも同様である.

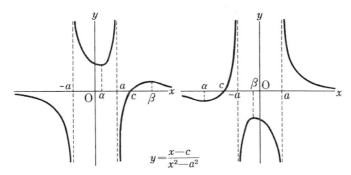

$$y=\frac{x-c}{x^2-a^2}$$

$-a<c<a$ のときは,

$$y'<0$$

で, y は減少関数となる.

このことと, $x=\pm a$, $y=0$ が
漸近線であることによってグラフ
をかくと右のようである.

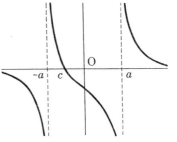

P このときは a と c の関係で場合が分れるのですね. ところで, 随分いろいろ
な場合をやりましたが, 結局, これまでで 2 次分数関数のすべての型をやった
ことになりますね.

T その通りです. グラフを実際にかくのには, a や c といった文字でなくて数
字の方がピンとくるでしょう. その意味で, 次の練習問題をやって下さい.

[練習問題]

3. 次の関数の増減を調べてグラフをかけ.

    (1) $\dfrac{x^2+x+2}{x-1}$ (2) $\dfrac{x(x+4)}{x+1}$

4. 次の関数の増減を調べてグラフをかけ.

    (1) $\dfrac{x-2}{x^2+1}$ (2) $\dfrac{2x+5}{x^2-4}$

2次分数関数に帰着する応用問題を示そう.

───── 問 5. ─────

　壁に額が かかっていて， 上端，下端は 床からの 高さが， それぞ
れ，a, b とする. 床に立つ人の目の高さを $h(<b)$ とするとき, こ
の人が額を見る角が最大となる位置は，壁からどれだけ離れたとこ
ろか.

P まず図をはっきりかきます.

　この人の壁からの距離を x， 額を見る角を θ
とおき，θ を x で表わすことを考えます. 額の
上端,下端を仰ぐ角を，それぞれ，α, β とします
と，

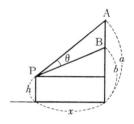

$$\tan\alpha=\frac{a-h}{x}, \quad \tan\beta=\frac{b-h}{x} \quad (1)$$

そして，　　　　　　$\theta=\alpha-\beta$

こうなると, $\tan\theta$ で考えるのでしょう.

$$\tan\theta=\tan(\alpha-\beta)=\frac{\tan\alpha-\tan\beta}{1+\tan\alpha\,\tan\beta}$$

これへ (1) を代入します.

T それで結構ですが, $a-h=p$, $b-h=q$ というようにおきかえた方がらく
でしょう.

P そうしますと,

$$\tan\theta=\left(\frac{p}{x}-\frac{q}{x}\right)\div\left(1+\frac{p}{x}\frac{q}{x}\right)=\frac{(p-q)x}{x^2+pq}$$

確かに2次分数関数です. そこで,

$$y=\frac{x}{x^2+pq}$$

とおきますと,

$$y'=\frac{x^2+2p-2x^2}{(x^2+pq)^2}=\frac{-(x^2-pq)}{(x^2+pq)^2}$$

$x<\sqrt{pq}$ で $y'>0$, $x>\sqrt{pq}$ で $y'<0$ だから, y, したがって $\tan\theta$ は,

$$x=\sqrt{pq}=\sqrt{(a-h)(b-h)}$$

のとき最大で, そのとき,

$$\tan\theta=\frac{p-q}{2\sqrt{pq}}=\frac{a-b}{2\sqrt{(a-h)(b-h)}}$$

T よくできました．もちろんここで $\tan\theta$ が，$0<\theta<\dfrac{\pi}{2}$ の範囲では増加関数であることを使っているのですが．

ところで，額の上端を A，下端を B，目の位置を P，目の高さの水平線を l としますと，θ が最大となる P の位置は A,B を通り l に接する円の接点になっています．

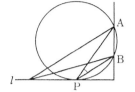

P なるほど，そういうわけですか．円周角の性質によるのですね．

[練習問題]

5. 正方形 ABCD で，辺 CD またはその延長の上にあって，$\dfrac{\text{PA}}{\text{PB}}$ の値が最大となる点 P の位置を求めよ．

変換としての分数関数

1次分数関数

$$x' = \frac{ax+b}{cx+d} \qquad (c \neq 0,\ ad-bc \neq 0) \tag{1}$$

による写像（変換）$x \to x'$ が実数の集合からそれ自身の中への写像である場合を考える．このときは，この写像によって，自分自身へ移る数（写像の不動点）が大切である．

P ちょっとお伺いしたいことがあります．関数，変換,写像と，いろいろな呼び名が同じものについていると思うのですが，そのちがいはどうなのですか．

T 関数は昔からの呼び名で内容もわかっていますね．写像というのは，集合から集合への対応という意識があり，変換というのは変換の合成，逆とか，変換群というように，慣例的に使われていると思います．ここでも，その意味で，「変換としての分数関数」という題名を掲げたのです．

(1)において，不動点 x_0 は，

$$x_0 = \frac{ax_0+b}{cx_0+d} \quad \text{つまり} \quad cx_0{}^2 + (d-a)x_0 - b = 0 \tag{2}$$

から求められる．この2次方程式に2つの実解 α,β があるときは，(1)は，

$$\frac{x'-\alpha}{x'-\beta} = k\frac{x-\alpha}{x-\beta} \tag{I}$$

の形に直せる.

また, 重解 α をもつときは,

$$\frac{1}{x'-\alpha}=\frac{1}{x-\alpha}+k \qquad\qquad (\text{II})$$

の形になる.

P 虚解のときでも, 複素数の範囲で考えればよいのではありませんか.

T それは, そうです.

P 上のことは証明は簡単ですか.

T (I) の方は,

$$x'-\alpha=\frac{ax+b}{cx+d}-\frac{a\alpha+b}{c\alpha+d}=\frac{(ad-bc)(x-\alpha)}{(cx+d)(c\alpha+d)}$$

同じように, $\qquad x'-\beta=\dfrac{(ad-bc)(x-\beta)}{(cx+d)(c\beta+d)}$

この 2 つの式を割れば出ます.

(II) の方は, 2 次方程式 (2) の解と係数の関係で,

$$d-a=-2c\alpha, \qquad -b=c\alpha^2$$

ですから, $d=a-2c\alpha$ として,

$$x'-\alpha=\frac{ax+b}{cx+d}-\alpha=\frac{ax-c\alpha^2}{cx+(a-2c\alpha)}-\alpha=\frac{(a-c\alpha)(x-\alpha)}{cx+(a-2c\alpha)}$$

から, $\qquad \dfrac{1}{x'-\alpha}=\dfrac{1}{x-\alpha}+\dfrac{c}{a-c\alpha}$

となって出ます.

(I)(II) を 1 次分数関数による変換の標準形ということにします.

[練習問題]

6. 次の 1 次分数関数による変換を標準形に直せ.

(1) $x'=\dfrac{x+2}{2x+1}$ (2) $x'=\dfrac{1}{x-1}$ (3) $x'=\dfrac{x+4}{5-x}$

1 次分数変換 $\qquad x'=\dfrac{ax+b}{cx+d} \qquad (ad-bc\neq0) \qquad (1)$

の逆変換は, 次のようにして得られる.

この式を x について解くと,

$$(cx+d)x'=ax+b \qquad \text{から} \qquad x=\frac{-dx'+b}{cx'-a}$$

つまり，
$$x' = \frac{-dx+b}{cx-a}$$

が (1) の逆変換である．

また，2つの1次分数変換
$$f : x' = \frac{ax+b}{cx+d} \qquad g : x' = \frac{px+q}{rx+s}$$

の合成 $f \circ g$ もやはり1次分数変換になっている．それは，
$$x'' = \frac{ax'+b}{cx'+d}$$

へ g の x' を代入すると，
$$x'' = \frac{(ap+br)x+(aq+bs)}{(cp+dr)x+(cq+ds)}$$

となっているからである．

P ここで，係数についての条件
$$(ap+br)(cq+ds)-(aq+bs)(cp+dr) \neq 0$$
を確かめておく必要がありますね．

T そうです．この式は，計算してみると
$$(ad-bc)(ps-qr) \neq 0$$
となります．

P これまで (1) で $ad-bc \neq 0$ の他に $c \neq 0$ として考えてきたのですが，ここでは $c \neq 0$ が抜けていますね．

T そうです．ですから，ここの話では，1次分数関数の中へ1次関数も入れて広く考えているのです．こうした立場から，

　　1次分数関数の全体は，変換の群になっている

ことがいえるのです．詳しいことは，またいずれゆっくりお話しします．行列（マトリックス）とも密接に関連していますしね．

[練習問題]

7. 次の1次分数変換の全体は群をなすことを示せ．（各関数の定義域は，0, 1 以外の実数とする）
$$f_1(x)=x \qquad f_2(x)=\frac{x-1}{x} \qquad f_3(x)=\frac{1}{1-x}$$
$$f_4(x)=\frac{1}{x} \qquad f_5(x)=\frac{x}{x-1} \qquad f_6(x)=1-x$$

2次分数関数

$$x' = \frac{ax^2 + bx + c}{px^2 + qx + r}$$

による変換 $x \to x'$ では，不動点も複雑であるし，逆変換や，変換の合成についてもきれいなことは出てこない．極めて特殊なものを次に考えるのに止める．

問 6.

2次分数関数　　$x' = \dfrac{x^2 + b}{2x + a}$　　$(a^2 + 4b > 0)$

による変換は，　$\dfrac{x'-\alpha}{x'-\beta} = \left(\dfrac{x-\alpha}{x-\beta}\right)^2$ の形に直せることを示せ．

P　ちょっと面白いですね．どうすればよいのかな．

T　α, β はこの変換の不動点であることはすぐわかりますね．それから考えてごらんなさい．

P　$x' = x$ とおくと，

$$x = \frac{x^2 + b}{2x + a} \quad \text{から} \quad x^2 + ax - b = 0$$

$$x = \frac{1}{2}(-a \pm \sqrt{a^2 + 4b})$$

$a^2 + 4b > 0$ ですから，これは実数で，2つの実解となります．これらを α, β とすればよいのですね．そうしますと，

$$a = -(\alpha + \beta), \qquad -b = \alpha\beta$$

したがって，もとの変換式が，

$$x' = \frac{x^2 - \alpha\beta}{2x - (\alpha + \beta)} \tag{1}$$

これから，　$x' - \alpha = \dfrac{(x-\alpha)^2}{2x - (\alpha+\beta)}, \quad x' - \beta = \dfrac{(x-\beta)^2}{2x-(\alpha+\beta)}$

$$\frac{x'-\alpha}{x'-\beta} = \left(\frac{x-\alpha}{x-\beta}\right)^2 \tag{2}$$

きれいに出ました．

T　$a = 0$, $b = 1$ ですと，$\alpha, \beta = 1, -1$ で，

$$x' = \frac{1}{2}\left(x + \frac{1}{x}\right), \qquad \frac{x'-1}{x'+1} = \left(\frac{x-1}{x+1}\right)^2$$

となります．

P こうした

$$x' = \frac{x^2 + b}{2x + a}$$

という形は，どうしたら見つかるのでしょうか．

T 種明しをすればあっけないですよ．(2)をはじめに作ってこれを x' について解くと(1)になるのです．

P それでは，もっと一般にして，

$$\frac{x' - \alpha}{x' - \beta} = k\left(\frac{x - \alpha}{x - \beta}\right)^2 + l\left(\frac{x - \alpha}{x - \beta}\right) + m \tag{3}$$

とでもしたらどうですか．

T それも1つの考えですが，これでは α, β は不動点でもありませんし，また，

$$y' = \frac{x' - \alpha}{x' - \beta}, \qquad y = \frac{x - \alpha}{x - \beta}$$

とおいても，　　　　　$y' = ky^2 + ly + m$

となって2次関数に帰着します．2次関数の逆関数や合成では，きれいなことは出ませんからね．

P 問6では，$y' = y^2$ に当りますね．これですと，逆関数はとにかくとして，合成はきれいですね．

$$y'' = (y')^2, \qquad y' = y^2 \ \text{から} \quad y'' = y^4$$

ですから．

T そうです．ですから，次の練習問題8のようなものが考えられるのです．

[練習問題]

8. $a_{n+1} = \dfrac{1}{2}\left(a_n + \dfrac{1}{a_n}\right)$ $(n = 1, 2, \cdots)$ のとき，a_n を a_1 と n で表わし，$\displaystyle\lim_{n\to\infty} a_n$ を求めよ．

9
面 積 と 体 積

　図形の面積や体積を求めることは，古来，求積法としていろいろな方法が考えられてきたが，微積分法の発見によって，その計算法の技術が確立された．しかし，個々の問題にはそれなりに興味深いものがある．

　面積を定積分で求めることはよく知っている．最も基本となるのは，次の公式である．

　　　$a<x<b$ において $f(x)\geqq g(x)$ とするとき，4つの線

　　　　$y=f(x)$, $y=g(x)$

　　　　$x=a$, $x=b$

　　　で囲まれた部分の面積は，

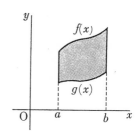

$$S=\int_{a}^{b}(f(x)-g(x))dx$$

いくつかの興味ある問題を考えてみよう．

問 1.

　放物線 $y=x^2+1$ の任意の接線が放物線 $y=x^2$ とで囲む面積は一定である．これを証明せよ．

P きれいな問題ですね．しかし，難しいところもなさそうです，やってみます．

解 $y=x^2+1$ のときは，$y'=2x$

したがって，この曲線上の点 (p, p^2+1) での接線の方程式は，

$$y-(p^2+1)=2p(x-p)$$

つまり，$y=2px-p^2+1$ \qquad (1)

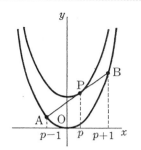

これと放物線 $y=x^2$ との交点の x 座標は，次のようにして求められる．

(1) で $y=x^2$ とおいて，

$$x^2-2px+(p^2-1)=0$$
$$(x-(p-1))(x-(p+1))=0$$
$$x=p-1, \quad p+1$$

したがって，$y=x^2$ と (1) の囲む面積を S とすると，

$$S=\int_{p-1}^{p+1}(2px-p^2+1-x^2)dx=\left[px^2-(p^2-1)x-\frac{1}{3}x^3\right]_{p-1}^{p+1}$$

これを計算すると，

$$S=\frac{4}{3}$$

T それで結構ですが，実は，

$$S=\int_{p-1}^{p+1}(2px-p^2+1-x^2)dx=\int_{p-1}^{p+1}(1-(x-p)^2)dx$$

と変形して $x-p=t$ とおくと，$dx=dt$，$x=p\pm1$ となるのは $t=\pm1$ のときで，

$$S=\int_{-1}^{1}(1-t^2)dt=2\left[t-\frac{1}{3}t^3\right]_0^1=\frac{4}{3}$$

となります．計算は大してちがいませんが，見透しはよいでしょう．

P ところで，接点 (p, p^2+1) を P，P での接線が $y=x^2$ と交わる点を A，B としますと，A，B の x 座標がそれぞれ $p-1$，$p+1$ であることから，

P は線分 AB の中点

ということも出てきます．

T その通りです．

P この問題は，もっと発展しそうな気がするのですが．

T そういわれますと，お話ししないわけにはいきません．あなたは話を引出す

のがうまいですよ. 少し長くなりますが, お話しし
ましょう.

　　まず, 同心円をかいて, 中の円の周上の任意の点
を P とし, P での接線が外の円と交わる点を A,B
としますと,

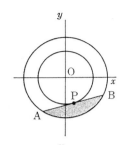

　　　　AB と外の円の弧で囲まれた面積は一定
　　　　P は AB の中点

であることは容易にわかります.

　　このことは, 2つの楕円

$$\frac{x^2}{a^2}+\frac{y^2}{b^2}=1 \tag{1}$$

$$\frac{x^2}{(ka)^2}+\frac{y^2}{(kb)^2}=1 \quad (k<1) \tag{2}$$

についても同様です. それは次のようにしてわかり

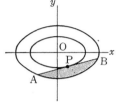

ます. (1)(2)は, それぞれ,

$$x^2+y^2=a^2 \tag{3}$$

$$x^2+y^2=(ka)^2 \tag{4}$$

を x 軸をもとにして上下に $\frac{b}{a}$ 倍にしたものであり, さらに, この操作で面積が
$\frac{b}{a}$ 倍になっているのです.

P　このことは,

$$\int_{x_1}^{x_2} kf(x)dx=k\int_{x_1}^{x_2} f(x)dx$$

ということに関連しますね. それから, この変換で
　　　　直線が直線に移る
ことも大切ですね.

T　そうです, それを言い落しました. もう少し正確にいいますと,

　　　　x 軸をもとにして上下に $\frac{b}{a}$ 倍にする

というのは,

$$x'=x, \qquad y'=\frac{b}{a}y \tag{5}$$

によって $(x,y) \longrightarrow (x',y')$ という変換を考えることです. (3)(5)から x,y
を消去すると,

$$(x')^2+\left(\frac{a}{b}y'\right)^2=a^2$$

これから

$$\frac{(x')^2}{a^2}+\frac{(y')^2}{b^2}=1$$

となって (1) が出るわけです. (4) から (2) の導かれることも同じようです.
また, 直線 $px+qy+r=0$ が,

$$bpx'+aqy'+br=0$$

となります.

P ところで, この楕円の場合と問1の放物線の場合とで, 直接に関連があるのでしょうか.

T それをお話しします. 座標軸を平行移動して
(1) (2) が, それぞれ

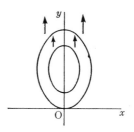

$$\frac{x^2}{a^2}+\frac{(y-b)^2}{b^2}=1 \tag{6}$$

$$\frac{x^2}{(ka)^2}+\frac{(y-b)^2}{(kb)^2}=1 \tag{7}$$

となるようにします. そこでいま,

$$b-kb=1 \tag{8}$$

としておきます. (6) の分母を払って整理しますと,

$$x^2+\frac{a^2}{b^2}y^2-2\frac{a^2}{b}y=0$$

そこで,

$$a^2=\frac{b}{2} \tag{9}$$

とおくと,

$$x^2+\frac{1}{2b}y^2-y=0 \tag{10}$$

(7) から,

$$x^2+\frac{a^2}{b^2}y^2-2\frac{a^2}{b}y+a^2(1-k^2)=0 \tag{11}$$

(8) によると $k=1-\frac{1}{b}$, これと (9) を (11) に代入して,

$$x^2+\frac{1}{2b}y^2-y+1-\frac{1}{2b}=0 \tag{12}$$

(10) (12) で $b\to\infty$ とすると, これらは, それぞれ,

$$y=x^2, \quad y=x^2+1$$

へ近づきます.

P なるほど, そういうわけでしたか.

[練習問題]

1.　双曲線 $xy=1$ の上の任意の点での接線が, 双曲線 $xy=k$ $(0<k<1)$ と囲む面積は一定であることを示せ. また, 接点の位置について調べよ.

2.　$0<q<p$, $0<s<r$ のとき, 右の図のように, 4つの放物線

$$x^2=py, \quad x^2=gy$$
$$y^2=rx, \quad y^2=sx$$

で囲まれた部分の面積を求めよ.

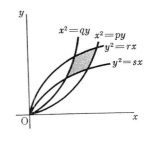

~～～ 問 2. ～～～

　　放物線 $y=x^2$ と直線 $y=ax+b$ が交わるとき, その囲む面積を求めよ.

P　この問題はやったことがあります. ただの計算ですが, ちょっと面倒でした. 復習してみます.

解　2つの線 $y=x^2$, $y=ax+b$ の交点の x 座標を α, β $(\alpha<\beta)$ とすると,

$$x^2=ax+b, \quad \text{つまり} \quad x^2-ax-b=0$$

から, $\alpha+\beta=a$, $\alpha\beta=-b$

そこで, 求める面積を S とすると,

$$S=\int_{\alpha}^{\beta}(ax+b-x^2)dx$$
$$=\left[\frac{1}{2}ax^2+bx-\frac{1}{3}x^3\right]_{\alpha}^{\beta}$$
$$=\frac{1}{2}a(\beta^2-\alpha^2)+b(\beta-\alpha)-\frac{1}{3}(\beta^3-\alpha^3)$$
$$=\frac{1}{6}(\beta-\alpha)(3a(\beta+\alpha)+6b-2(\beta^2+\beta\alpha+\alpha^2))$$

$$(\beta-\alpha)^2=(\beta+\alpha)^2-4\alpha\beta=a^2+4b, \quad \beta+\alpha=-a$$
$$\beta^2+\beta\alpha+\alpha^2=(\beta+\alpha)^2-\alpha\beta=a^2+b$$

これらを S に代入して計算すると,

$$S=\frac{1}{6}(a^2+4b)^{\frac{3}{2}}$$

P　2次方程式の解（根）と係数の関係を使ったという以外に格別のことはありません．

T　前に学んだ公式（125 ページ）
　　$f(x)$ が 2 次式のとき，
$$\int_a^b f(x)dx=\frac{b-a}{6}\Big(f(a)+f(b)+4f\Big(\frac{a+b}{2}\Big)\Big) \tag{1}$$
を使ってやってごらんなさい．

P　このときは，$f(x)=ax+b-x^2=-(x-\alpha)(x-\beta)$
$$f(\alpha)=0,\ f(\beta)=0,\ f\Big(\frac{\alpha+\beta}{2}\Big)=\frac{(\beta-\alpha)^2}{4}$$
ですから，　$S=\int_\alpha^\beta(ax+b-x^2)dx=\frac{1}{6}(\beta-\alpha)^3$

そして，$\beta-\alpha=(a^2+4b)^{\frac{1}{2}}$ です．

公式 (1) を使うと，このような面積は楽に出るわけですね．

T　そうです．そういう立場から，問1のような問題をいろいろ作ることも考えられます．まず，上のようにして，

$$\int_\alpha^\beta a(x-\alpha)(x-\beta)dx$$
$$=-\frac{a}{6}(\beta-\alpha)^3$$
そこで，2つの放物線
$$y=x^2,\ y=px^2+qx+r$$
$$(p<1)$$
が交わるとして，その面積 S を求めるのには，
$$f(x)=x^2-(px^2+qx+r)$$
$$=(1-p)x^2-qx-r$$
とおいて，$f(x)=0$ の解を α,β として，

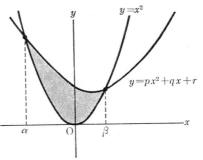

$$S=\Big|\int_\alpha^\beta f(x)dx\Big|=\frac{|1-p|}{6}|\beta-\alpha|^3,$$
$$(\beta-\alpha)^2=(\beta+\alpha)^2-4\alpha\beta=\frac{q^2}{(1-p)^2}+\frac{4r}{1-p}\ \text{から，}$$
$$S=\frac{|q^2+4(1-p)r|^{\frac{3}{2}}}{6(1-p)^2} \tag{2}$$
そこで，この S が一定となる場合を考えます．

　まず，$p=0$ としますと，$S=$ 一定 というのは，q^2+4r が一定ということになります．そこで，

$$q^2+4r=k \quad (k\ 一定)$$

とおきますと，これは，

直線 $y=qx+r$ が一定の放物線 $y=x^2+\dfrac{k}{4}$ に接するための条件

となります．$k=4$ とおくと問1に帰着するわけです．

P なるほど，そういうことでしたか．結局，

直線 $y=qx+\dfrac{1}{4}(k-q^2)$ は k の値がいろいろ変わっても一定の

放物線 $y=x^2+\dfrac{k}{4}$ に接する

というわけですね．このような放物線は，どうすれば見つかるのでしょうか．

T それは，直線の集合

$$y=qx+\frac{1}{4}(k-q^2) \tag{3}$$

のすべてに接する曲線を求めることです．こうした線を (3) の包絡線といい，これを求める一般論は大学の初年級でやります．高校程度の知識でいうと次のようです．

(3) とこれに近い

$$y=q_1x+\frac{1}{4}(k-q_1{}^2)$$

を考え，その交点を求めると

$$x=\frac{1}{4}(q+q_1),\ y=\frac{1}{4}(qq_1+k)$$

$q_1\to q$ としたときの極限は $x=\dfrac{1}{2}q,\ y=\dfrac{1}{4}q^2+\dfrac{1}{4}k$

そこで，q をいろいろ変えると，この点の軌跡が $y=x^2+\dfrac{1}{4}k$ となるのです．

P もっと別の例はどうですか．

T (2) で $p=-1$ としてみますと，

$$q^2+8r=(24S)^{\frac{2}{3}}$$

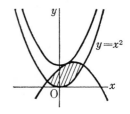

$S=$一定 としますと，

$$q^2+8r=k \quad (一定)$$

これは，$y=-x^2+qx+r$ が $y=x^2+\dfrac{k}{8}$ に接するための条件です．

放物線 $y=-x^2+qx+r$ は，$y=-x^2$ を平行移動したものですから，上のことは次のようにいわれます．

放物線 $y=-x^2$ が，つねに放物線 $y=x^2+\dfrac{k}{8}$ に接するように平行移動するとき，これと $y=x^2$ の囲む面積は一定である．

また，(2) で $q=0$ の場合を考えると，$S=\dfrac{4}{3}\left|\dfrac{r^3}{1-p}\right|^{\frac{1}{2}}$

(2) で $r=0$ の場合は，$S=\dfrac{|q|^3}{6(1-p)^2}$

これらをもとにして，問1と同じような問題を作ることができます．

[練習問題]

3. $(1-p)^2=q^3$ のとき，放物線 $y=px^2+qx$ が $y=x^2$ とで囲む面積は一定であることを示せ．

4. 曲線 $y=\dfrac{1}{|x|}$ に接する放物線 $y=a+bx^2$ が x 軸と囲む面積は一定であることを示せ．

～～ **問 3.** ～～

$a>0$，$ac-b^2>0$ のとき，曲線 $ax^2+2bxy+cy^2=1$ の囲む面積を求めよ．

P この曲線が何か知らないのですが．

T 実は楕円なのですが，それは気にしないで，大体の形を考えて面積を求めて下さい．y について解いて考えればよいでしょう．

P やってみます．

解 $ac-b^2>0$ だから，$ac>b^2$，$a>0$ だから，$c>0$

そこで，$ax^2+2bxy+cy^2=1$ から，

$$cy^2+2bxy+(ax^2-1)=0$$

y について解いて，

$$y=\frac{1}{c}\left(-bx\pm\sqrt{b^2x^2-c(ax^2-1)}\right)$$

$$=\frac{1}{c}\left(-bx\pm\sqrt{c-(ac-b^2)x^2}\right) \tag{1}$$

そこで，

$$\sqrt{ac-b^2}=k,\quad \frac{\sqrt{c}}{\sqrt{ac-b^2}}=h$$

とおくと，(1) は

$$y=\frac{1}{c}\left(-bx\pm k\sqrt{h^2-x^2}\right)$$

したがって求める面積は,

$$S=\int_{-h}^{h}\left(\frac{1}{c}(-bx+k\sqrt{h^2-x^2})-\frac{1}{c}(-bx-k\sqrt{h^2-x^2})\right)dx$$

$$=\frac{2k}{c}\int_{-h}^{h}\sqrt{h^2-x^2}dx$$

ところが,

$$\int_{-h}^{h}\sqrt{h^2-x^2}dx=\frac{\pi h^2}{2}$$

だから,

$$S=\frac{2k}{c}\ \frac{\pi h^2}{2}=\frac{2k}{c}\ \frac{\pi}{2}\ \frac{c}{k^2}=\frac{\pi}{k}$$

したがって,

$$S=\frac{\pi}{\sqrt{ac-b^2}}$$

T　上の結果の特別な場合として,

楕円 $\dfrac{x^2}{a^2}+\dfrac{y^2}{b^2}=1$ の囲む面積は

$$S=\pi\,ab$$

が導かれます.

P　そうですか,調べてみます.問3の a,b,c の代わりに,

$\dfrac{1}{a^2},0,\dfrac{1}{b^2}$ とおきますと,$\sqrt{ac-b^2}$ に当るのが $\sqrt{\dfrac{1}{a^2}\ \dfrac{1}{b^2}}=\dfrac{1}{ab}$ ですから $S=\pi ab$ となります.

　ところで,　$ax^2+2bxy+cy^2=1$ が楕円を表わすというのは,　どうしてですか.

T　それは座標変換が要るのです.また,いずれゆっくりお話しします.

体　　　　　積

空間にある図形の体積 V を求める公式の基本としては,

$$V=\int_{a}^{b}S(x)\,dx$$

がある.この場合,x は1つの直線上の点の座標,$S(x)$ はその点で直線に垂直に作った平面による切り口の面積であり,x のとる値の範囲が a から b まで $(a<b)$ である.

この公式の特別な場合として，

曲線 $y=f(x)$，直線 $x=a$，$x=b$

で囲まれる部分を x 軸のまわりに1回転してできる立体の体積の公式

$$V=\int_a^b \pi y^2\,dx$$

がある．

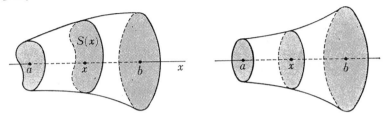

　これらはよく知られたことで，多くの問題を学んでいることであろうが，高校程度としては，回転体の問題が多く，はじめの一般の公式の応用問題が少ない．ここでは，こうしたもののいくつかを研究し，あとから回転体の興味あるものに及ぶことにする．

～～　問 4. ～～～～～～～～～～～～～～～～～～～～～～～～～～～～～
　半径 a の2つの直円柱があって軸が直交している．共通部分の体積を求めよ．
～～～～～～～～～～～～～～～～～～～～～～～～～～～～～～～～～～～

P　この問題は一度やった覚えはあります．体積は簡単に計算できたようでしたが，立体の形がわからなくて閉口しました．

T　もう一度ゆっくり考えてみましょう．

P　立体を平行な平面で切っていくわけですから，その切り方が問題です．

T　そうです．それがポイントです．

P　直円柱が2つありますから，まず考えられるのは，
　(1)　2つの軸に平行な平面で切っていく
　(2)　1つの軸に垂直な平面で切っていく
　ということですね．

T　まあそうです．それぞれについて考えてごらんなさい．

P　この立体は2つの直円柱の共通部分ですが，形がちょっとわかりません．したがって切り口もピンときません．

T　ですからむしろ切り口を作っていくことによって形を知ることになるでしょう.

P　そうでしたね. ですから2つの直円柱についての切り口を考えて, その共通部分を作ればよいわけです.

(1) の方では, 切り口は2つとも長方形で, 共通部分は正方形

(2) の方では, 切り口は円と長方形で, 共通部分はいろいろの形

になります. そうしますと, (1) の方が簡単なようです.

T　それでは (1) の方でやってごらんなさい.

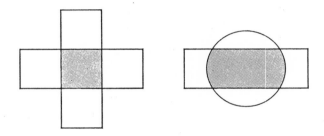

解　2つの軸の交点Oを通ってこれらに垂直な直線をひき, その上でOを原点として座標を考える. 座標 x の点でこの直線に垂直な平面を作ると, この立体の切り口は1辺の長さ $2\sqrt{a^2-x^2}$ の正方形となる.

したがって, 求める体積を V とすると,

$$V=\int_{-a}^{a} 4(a^2-x^2)\,dx$$

$$=4\left[a^2x-\frac{1}{3}x^3\right]_{-a}^{a}$$

これから,

$$V=\frac{16}{3}a^3$$

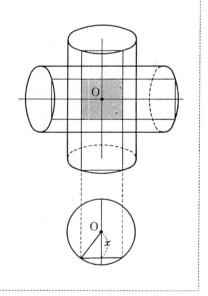

P これでできたわけですが，形がもう1つピンときません．

T 切り口を順に考えてごらんなさい．

P x が $-a$ から $+a$ まで順に変わっていきますと，はじめは1点，それが正方形になって次第に大きくなり，$x=0$ のとき最大，それからまただんだん小さくなっていきます．

T その通りです．それで大体わかったでしょう．この形をよくわかるように図にかいてごらんなさい．

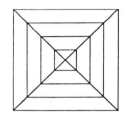

P なかなか難しいですね．真正面から見ると正方形をかいて対角線をひいたものです．

T それではなかなかわかりにくいでしょう．少し斜めにしてごらんなさい．

P そうしますと大分わかりやすくなります．側面と上下の面が直円柱面ですね．また，この面の境目で切り離すと4つのくさび形の立体が出来てきます．

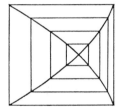

T その通りです．この形で体積を求める問題もあります．

P ところで先生，この問題を空間の座標で考えたらもっとわかりやすくなりませんか．

T 少しはわかりやすいでしょう．やってごらんなさい．

P 直円柱面の方程式は，
$$x^2+y^2=a^2, \qquad x^2+z^2=a^2$$
とかけます．交線の上では，この2つの式が連立しますから，これを引いて，
$$y^2-z^2=0 \quad \text{したがって，} \quad y=\pm z$$
これは2つの平面ですね．したがって交線はこれらの平面と直円柱面との交線です．ああ，それでしたら，この線は楕円ですね．

T その通りです．

[練習問題]

5. 半径 a の直円柱で，軸上の点を通って軸に垂直な平面と，この平面と $45°$ をなす平面とを作る．この2つの平面の間にある直円柱の部分は2つの合同な立体である．それらの1つの体積を求めよ．

6. 半径 a の2つの直円柱の軸が角 α で交わっている．共通部分の体積を求めよ．

> **問 5.**
>
> 　半径 a の円で直径を AB とする．AB に垂直な任意の弦を PQ と
> し，これを底辺として一定の高さ h の二等辺三角形を，この円のあ
> る平面の一方の側でこれに垂直に作る．
> 　このような三角形全体のつくる立体の体積を求めよ．

P　これはやさしそうです．切り口がはじめからわか
っていますし，形も大体わかります．

T　それでは計算してごらんなさい．

P　AB を x 軸，中心を原点とし，座標 x の点での切
り口の三角形 RPQ の面積を S としますと，PQ=
$2\sqrt{a^2-x^2}$ ですから，

$$S=\frac{1}{2}\cdot 2\sqrt{a^2-x^2}\,h=\sqrt{a^2-x^2}\,h$$

したがって求める体積は，

$$V=\int_{-a}^{a}\sqrt{a^2-x^2}\,h\,dx=h\int_{-a}^{a}\sqrt{a^2-x^2}\,dx$$

この積分は半円の面積に当るから $\dfrac{\pi a^2}{2}$ で，

$$V=\frac{\pi}{2}a^2h$$

T　それで結構です．この立体の形はおもしろいとは思いませんか．いろいろな
方向から眺めてどんな形に見えますか．

P　真正面からは長方形，真横からは二等辺三角形，真上からは直径をひいた
円，真下からは円です．

T　そうです．見る方向によって，長方形，三角形，円となるのです．それにつけ
て，

　　　　　　　　蚊帳（かや）の隅，1つはずして月見かな

という句があります．知っていますか．

P 一体何のことですか.

T 1つの句の中に,しかく,さんかく,まるが読み込んであって,しかも句の態をなしているというのです.

P 蚊帳はしかく,隅をはずすとさんかく,月はまるというわけですね. うまいものですね. このお話がしたくてこの問題を出されたのではありませんか.

T いや, この立体は, コノイド (conoid) といって, 昔から有名なのです. もっとも, あなたのいわれることもいくらかありますがね.

[練習問題]

7. 問5で,二等辺三角形RPQの代わりに,PQを1辺とし,長さ h の長方形を円のある平面に垂直に作るとき,これらの長方形全体のつくる立体は何か. また, その体積と問5の体積とをくらべてみよ.

8. 曲線 $y=\pm\sin x$ を直線 $x=p$ で切ってできる弦を対角線として, この平面に垂直におかれた正方形を作る. p が0から π まで変わる間に, この正方形の作る立体の体積を求めよ.

─ 問6. ─

空間に4点A,B,C,Dがあって,それらの直角座標がそれぞれ, $(1,0,0)$, $(-1,0,0)$, $(0,1,1)$, $(0,-1,1)$ であるとする.

直線AB, CD 上に両端P,Qをおいて動く長さ2の線分PQがあるとき,

(1) k が $0<k<1$ の一定数であると, PQを $k:(1-k)$ の比に分ける点Rの軌跡はどんな線であるか.

(2) 線分PQの全体がつくる面は, 空間の一部分を囲んでいる. その部分の体積を求めよ.

P なかなか難しそうですね.

T やさしくはありませんが, 座標が入っているので, 順にやっていけば出来るでしょう. やってごらんなさい.

P ではやってみます. Rの座標を (x,y,z) として, x,y,z の間の関係が欲しいわけです. しかし, 直接にはわかりません.

T そうです. だからまず, P,Qの座標を与えます.

P Pの座標は $(p,0,0)$, Qの座標は $(0,q,1)$ とおけます. これから考えていけばよいのでしょう.

解　(1)　P$(p,0,0)$,　Q$(0,q,1)$ とすると，

PQ$=2$ だから，$p^2+q^2+1=2^2$

したがって，

$$p^2+q^2=3 \qquad (1)$$

R の座標を (x,y,z) とすると，これ
は，P$(p,0,0)$,　Q$(0,q,1)$ を結ぶ線分を
$k:(1-k)$ の比に分ける点だから，

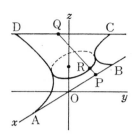

$$x=(1-k)p,\ y=kq,\ z=k$$

これと (1) とから p,q を消去して，

$$\frac{x^2}{3(1-k)^2}+\frac{y^2}{3k^2}=1,\ z=k$$

これは楕円を表わしているから，R の軌跡はこの楕円である．

(2)　上で求めた楕円は，考える曲面を平面 $z=k$ で切った切り
口の線で，その囲む面積は，

$$S=\pi\sqrt{3}\,(1-k)\cdot\sqrt{3}\,k=3\pi(1-k)k$$

したがって求める体積は，

$$V=\int_0^1 3\pi(1-k)k\,dk=3\pi\left[\frac{k^2}{2}-\frac{k^3}{3}\right]_0^1$$

これから，

$$V=\frac{\pi}{2}$$

T　いろいろな公式をよく覚えていましたね．使った公式を言って下さい．

P　まず，2点 $(x_1,y_1,z_1),(x_2,y_2,z_2)$ について，

$$距離=\sqrt{(x_2-x_1)^2+(y_2-y_1)^2+(z_2-z_1)^2}$$

2点を結ぶ線分を $m:n$ の比に分ける点は

$$\left(\frac{nx_1+mx_2}{m+n},\ \frac{ny_1+my_2}{m+n},\ \frac{uz_1+mz_2}{m+n}\right)$$

それと，面積について，

楕円　$\dfrac{x^2}{a^2}+\dfrac{y^2}{b^2}=1\ (a>0,b>0)$ の囲む面積は πab

ということです．

それにしても，この立体も形がわかりにくいですね．線分 PQ が両端を2つ

の直線上において動くと，これで面ができるだけ
で，囲む立体などちょっと考えられないように見え
るのですが，この解答の筋道から考えると，そうで
ないのですね．

T はじめの2直線を同一の平面上におくと，その上
に両端をおいて動く定長の線分は平面上にある領域
を示します．その境界がアストロイドという線にな
っていることは知っていませんか．

P それは，$x^{\frac{2}{3}}+y^{\frac{2}{3}}=a^{\frac{2}{3}}$ といった形のものではあり
ませんか．

T そうです．よく覚えていましたね．これを空間化
したのがこの問題といえます．

P なるほど，そういうことでしたか．

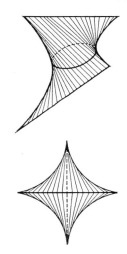

最後に，回転体の問題を扱おう．

─── 問 7. ───

図のような円管について，

体積＝（切り口の面積）×（長さ）

であることを証明せよ．ここで，長さとは中心線の長さ，曲った部
分は円環面の一部分である．

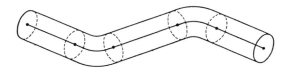

P 円環面の囲む体積については，

体積＝（切り口の円の面積）×（中心線の長さ）　　　　(1)

であることは学びましたが，この問題はやったことがありません．実際に出て
来そうなことですね．

T その通りです．まず，(1)の復習をして下さい．

P 円の方程式を，

$$x^2+(y-b)^2=a^2 \quad (b>a>0)$$

とし，これを x 軸のまわりに1回転してできる面
(円環面)の囲む体積 V_0 を求めます．

上の式から，　　　　$y = b \pm \sqrt{a^2 - x^2}$

そこで，　　　　　$y_1 = b + \sqrt{a^2 - x^2}$

　　　　　　　　　$y_2 = b - \sqrt{a^2 - x^2}$

とおきますと，

$$V_0 = \int_{-a}^{a} \pi y_1^2 \, dx - \int_{-a}^{a} \pi y_2^2 \, dx$$

$$= \pi \int_{-a}^{a} (y_1^2 - y_2^2) \, dx = \pi \int_{-a}^{a} (y_1 + y_2)(y_1 - y_2) \, dx$$

$$= 4\pi b \int_{-a}^{a} \sqrt{a^2 - x^2} \, dx = 4\pi b \cdot \frac{\pi a^2}{2}$$

$$= 2\pi b \cdot \pi a^2$$

ここで，$2\pi b =$ 中心線の長さ，$\pi a^2 =$ 切り口の円の面積　です．

T　これは，1回転した場合ですが，問題の円管
のつなぎ目は，円環体の一部分で回転角は θ に
なっているとして，その体積 V_1 を考えてごら
んなさい．

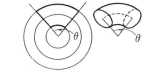

P　V_1 は中心角 θ の大きさに比例しますから，

$$\frac{V_1}{\theta} = \frac{V_0}{2\pi}, \qquad V_1 = \frac{\theta}{2\pi} V_0$$

また，V_1, V_0 に対応する中心線の長さを $l_1, l_0 = 2\pi b$ とすると，

$$\frac{l_1}{\theta} = \frac{l_0}{2\pi}, \qquad l_1 = \frac{\theta}{2\pi} l_0$$

したがって，$V_0 = \pi a^2 l_0$ から，$V_1 = \pi a^2 \cdot l_1$ となります．

　直円柱の部分ではもちろんこの形の式が成り立っていますから，これらをす
べて加えて，

　　　　　　体積 = (切り口の面積) × (中心線の長さ)

となります．

$\sim\sim$ **問 8.** $\sim\sim$

　空間で，直角座標が $(a, b, c), (-a, -b, c)$ の2点を，それぞれ，
A, B とし，これから x 軸へ下した垂線を AC, BD とする．

　線分 AB, AC, BD を x 軸のまわりに1回転してできる 曲面の囲
む体積を求めよ．

P これは回転体でも，形がわかりにくいですね.

T これも，体積を求めることと形とが大体一緒にわかります．まず CD 上の点 P で x 軸に垂直に立てた平面での切り口を考えてごらんなさい.

P この平面が直線 AB と交わる点を Q とし 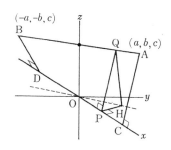 ますと，回転体の切り口は，P を中心とし，PQ を半径とする円です．その面積は，

$$S = \pi PQ^2$$

Q から xy 平面へ下した垂線の足を H としますと，

$$PH \perp CD \tag{1}$$

です．そして，

$$PQ^2 = PH^2 + QH^2 \tag{2}$$

xy 平面上では，H は直線

$$\frac{x}{a} = \frac{y}{b}$$

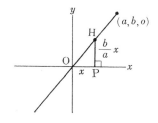

の上にありますから，

$$PH = y = \frac{b}{a}x$$

また，QH $= c$

したがって，(2) から，

$$PQ^2 = \left(\frac{b}{a}x\right)^2 + c^2$$

そこで求める体積は，

$$V = \int_{-a}^{a} \pi\left(\frac{b^2}{a^2}x^2 + c^2\right)dx = \pi\left[\frac{1}{3}\frac{b^2}{a^2}x^3 + c^2 x\right]_{-a}^{a}$$

これから，

$$V = \frac{2}{3}\pi a(b^2 + 3c^2)$$

計算は何でもありませんが，空間的なものが見にくくて苦労しました.

T よく出来ました．(1) の出てきたのは，どういうことからですか.

P たしか，3垂線の定理というのです．平面 α の外の点 Q から，α へ下した垂線を QH，Q から α 上の直線 l へ下した垂線を QP とすると，PH $\perp l$

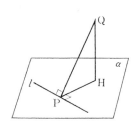

ということです.

　ところで, この曲面の大体の形はわかりますが, 少し詳しく知りたいのですが.

T　P を中心とする切り口の円周上の任意の点を考えて N とし, その座標を (x, y, z) としますと,

$$(NP)^2 = y^2 + z^2$$

他方,

$$(NP)^2 = (PQ)^2 = \frac{b^2}{a^2} x^2 + c^2$$

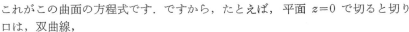

この 2 つが等しいことから,

$$y^2 + z^2 = \frac{b^2}{a^2} x^2 + c^2$$

$$\frac{x^2}{a^2} - \frac{y^2 + z^2}{b^2} = -\frac{c^2}{b^2}$$

これがこの曲面の方程式です. ですから, たとえば, 平面 $z=0$ で切ると切り口は, 双曲線,

$$\frac{x^2}{a^2} - \frac{y^2}{b^2} = -\frac{c^2}{b^2}$$

になっています.

P　大分よくわかりました. そうしますと, この双曲線を x 軸のまわりに回転してできる面ともいえるのですね. この曲面に名前がありますか.

T　有名な曲面で, 回転一葉双曲面といいます. いろいろ面白い性質がありますが, いまはそこまではお話ししません.

[練習問題]

9.　2 つの放物線 $y = a + (1 - a^2) x^2$, $y = x^2$ で囲まれる部分を y 軸のまわりに 1 回転してできる立体の体積を求めよ. ($0 < a < 1$ とする)

10.　曲線 $y = \dfrac{1}{x^2}$ に接する放物線 $y = a - bx^2$ と x 軸とで囲まれる部分を y 軸のまわりに 1 回転してできる立体の体積は, つねに一定であることを示せ.

11.　1 辺の長さ a の立方体を, 1 つの対角線のまわりに 1 回転するとき, この立方体の通過した部分の体積を求めよ.

10
指数関数と対数関数

自然現象や社会現象において見られる変化には，一様な割合で増していく算術級数的なものと，一定の比率で倍加していく幾何級数的なものとがある．後者を瞬間的にとらえると，それは指数関数である．

指数法則をめぐって

指数関数
$$y = a^x \qquad (a \text{ は正の定数})$$
は理論上も応用上も極めてたいせつな関数である．これについて，指数法則
$$a^{x_1} a^{x_2} = a^{x_1 + x_2}, \quad (a^x)^k = a^{kx}$$
は基本的である．$f(x) = a^x$ とおくと，この法則は，

(1) $f(x_1 + x_2) = f(x_1) f(x_2)$　　　　(2) $f(kx) = (f(x))^k$

というように書かれる．

そこで，逆にこのような性質をもつ関数は指数関数に限るかどうかを調べてみよう．

この場合，(2) の
$$\text{任意の } k, x \text{ に対して } f(kx) = (f(x))^k$$
という方は簡単である．この式で $x = 1$ とおくと，$f(k) = (f(1))^k$
$f(1) = a$ とおき，k を改めて x とかくと，
$$f(x) = a^x$$

ここで，$f(1)>0$ という条件がないと，つごうが悪いわけである．

　次に，（1）の場合を問題にしよう．x_1, x_2 の代わりに x, y を使って表わすと次のようである．

> ～～ 問 1. ～～～～～～～～～～～～～～～～～～～～～～～～～～～～
> 　任意の実数 x, y について，
> $$f(x+y)=f(x)f(y)$$
> となる関数 $f(x)$ は，指数関数 a^x に限るか．

P　前に，任意の x, y について，
$$f(x+y)=f(x)+f(y) \tag{1}$$
となる関数 $f(x)$ について研究しましたが，あの問題に似ていますね．

T　似ているだけでなく，あの場合に帰着できるのです．そのときの結論は何でしたか．

P　調べてみます．（97 ページ）　答は，

　　　　　　x が有理数のときは，$f(x)=ax$

　　　　　　$f(x)$ が連続ならば，つねに $f(x)=ax$

ということでした．この場合に帰着できるというのですね．
$$f(x+y)=f(x)f(y),\quad f(x+y)=f(x)+f(y)$$
とならべてみますと，右辺が積と和のちがいです．ああ，わかりました．
$$f(x+y)=f(x)f(y) \tag{2}$$
で，両辺の対数をとりますと，
$$\log f(x+y)=\log f(x)+\log f(y)$$
となって，$\log f(x)$ については，ちょうど（1）の形になっています．

T　それでよいわけですが，対数をとるのには，
$$f(x)>0$$
ということが要ります．これが（2）から出ますか．

P　うっかりしていました．（暫く考えて）（2）で $x=y$ とおいたらどうでしょうか．
$$f(2x)=(f(x))^2 \geqq 0$$
ですから，　$f(2x) \geqq 0$

x は任意ですから，$f(2x)$ は $f(x)$ と考えてもよいですね．だから，
$$f(2x)=0 \quad つまり \quad f(x)=0$$
の場合が残ります．このときは，
$$f(x+y)=0$$

となりますが，x,y は任意ですからこれは $f(x)$ がつねに 0 のときです.

T　それで出来ました. それでは，解答を整理して下さい.

P　はい，そうします.

解　　　　$f(x+y)=f(x)f(y)$　　　　　　　　　(1)

において，$x=y$ とおくと，

　　　　$f(2x)=(f(x))^2 \geqq 0$　　　　　　　　　(2)

ここで，「ある x について $f(x)=0$」とすれば，(1) から
$f(x+y)=0$ となり，y が任意だから結局，

　　　　任意の x について，$f(x)=0$

次に，「任意の x について $f(x) \neq 0$」とすれば，(2) から
$f(2x)>0$, したがって任意の x について $f(x)>0$

そこで (1) の両辺で対数をとると，

　　　　$\log_a f(x+y)=\log_a f(x)+\log_a f(y)$

したがって，97ページ問2から

　　　　x が有理数のときは，$\log_a f(x)=kx$

　　　　$f(x)$ が連続のときは，つねに $\log_a f(x)=kx$

$\log_a f(x)=kx$ から，$f(x)=a^{kx}=(a^k)^x$

$a^k=c$ とおいて，結局次の結論が得られる.

(1) をつねに満たす $f(x)$ としては，

（ⅰ）　$f(x)=0$

（ⅱ）　x が有理数のとき，$f(x)=c^x$

　　　　$f(x)$ が連続ならば，つねに，$f(x)=c^x$

P　$f(x)$ が連続でない場合が残りますが，止むを得ませんね.

T　あなたの解で，

　　　　「ある x について $f(x)=0$」，「任意の x について $f(x) \neq 0$」

と場合を分けたのは，論理的に周到で，結構でした. また，

　　　　$f(x)$ が連続関数であれば，$\log_a f(x)$ も連続

ということを使っていますが，これは，

　　　　$\log_a y$ が y の連続関数

　　　　2つの連続関数の合成関数は連続関数

ということによるのです.

P　なるほど，そういうことでした.

T　ところで，一般に $f(x+y)$ を $f(x), f(y)$ などで表わす公式を加法定理とい
　　います．ですから，指数法則 $a^{x+y}=a^x a^y$ も加法定理の1種です.

P　これまで加法定理というと，
$$\cos(x+y)=\cos x \cos y-\sin x \sin y$$
$$\sin(x+y)=\sin x \cos y+\cos x \sin y$$
を学んでいますか.

T　これは，$f(x)=\sin x,\ g(x)=\cos x$ とおくと，
$$f(x+y)=f(x)\,g(y)+g(x)\,f(y)$$
$$g(x+y)=g(x)\,g(y)-f(x)\,f(y)$$
というので，これも加法定理といえます.
$$\tan(x+y)=\frac{\tan x+\tan y}{1-\tan x \tan y}$$
ですと，$f(x)=\tan x$ とおくと，
$$f(x+y)=\frac{f(x)+f(y)}{1-f(x)\,f(y)}$$
となります.

P　他にもありますか.

T　いろいろあります．あとから練習して下さい．それから，
$$f(x+y)=f(x)+f(y),\ f(x+y)=f(x)f(y)$$
のような式を関数方程式といいます．問1は関数方程式を解いている わけ で
す．あとから類題をやって下さい.

[練習問題]

1.　$f(x)=\dfrac{1}{2}(a^x+a^{-x}),\ g(x)=\dfrac{1}{2}(a^x-a^{-x})$ とおくとき，次の等式の成り立つ
　　ことを確かめよ.
　　(1)　$(f(x))^2-(g(x))^2=1$
　　(2)　$f(x+y)=f(x)\,f(y)+g(x)\,g(y)$
　　　　　$g(x+y)=f(x)\,g(y)+g(x)\,f(y)$

2.　$f(x)=\dfrac{a^x-a^{-x}}{a^x+a^{-x}}$ のとき，任意の x,y について，
$$f(x+y)=\frac{f(x)+f(y)}{1+f(x)\,f(y)}$$
　　であることを示せ．また，$f(x)$ は連続として，逆が成り立つか.

3.　任意の正数 x,y について，
$$f(xy)=f(x)+f(y)$$

となる連続関数 $f(x)$ を求めよ.

4. 任意の正数 x, y について,
$$f(xy) = f(x) f(y)$$
となる連続関数 $f(x)$ を求めよ.

指数関数の変化率

指数関数 $f(x) = a^x$ について, x の値が h だけ増したときの $f(x)$ の値の増加を考えると, 指数法則 $f(x+y) = f(x) f(y)$ によって,

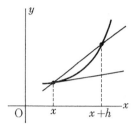

$$f(x+h) - f(x) = f(x)(f(h) - 1)$$
したがって,
$$\frac{f(x+h) - f(x)}{f(x)} = f(h) - 1$$

つまり, x の値が h だけ増えたときの $f(x)$ の値の変化の $f(x)$ に対する比が, x に関係しないわけである.

したがって, また,
$$\frac{1}{f(x)} \frac{f(x+h) - f(x)}{h} = \frac{f(h) - 1}{h}$$

ここで $h \to 0$ とすると, 微分係数 $f'(x)$ について,
$$\frac{f'(x)}{f(x)} = \lim_{h \to 0} \frac{f(h) - 1}{h}$$

右辺は h をふくまない一定数だから, これを k とおいて,
$$\frac{f'(x)}{f(x)} = k$$

つまり,

> 指数関数 $f(x)$ では, 瞬間変化率 (微分係数) の $f(x)$ に対する比が一定である

という基本的なことが得られる.

P ここで,
$$\lim_{h \to 0} \frac{f(h) - 1}{h} = \lim_{h \to 0} \frac{a^h - 1}{h} \tag{1}$$
という極限が問題ですね.

T　もちろん，この極限値が存在するということを
仮定してお話ししているのです．それについて，

$$\lim_{h \to 0} \frac{e^h - 1}{h} = 1 \qquad (2)$$

となる e があって，この e については，

$$e = \lim_{n \to \infty} \left(1 + \frac{1}{n}\right)^n$$

$$e = 1 + 1 + \frac{1}{2!} + \frac{1}{3!} + \cdots + \frac{1}{n!} + \cdots$$

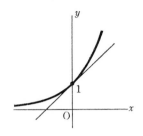

で，近似値としては，

$$e = 2.71828\cdots$$

であることは，学んだことがあるでしょう．

P　はい，大体知っています．そして，(1)については，
$\log_e a = c$ とおくと，$a = e^c$
したがって，

$$\lim_{h \to 0} \frac{a^h - 1}{h} = \lim_{h \to 0} \frac{e^{ch} - 1}{h} = \lim_{h \to 0} \frac{e^{ch} - 1}{ch} c$$

(2)の h のところを ch とおいて考えると，結局

$$\lim_{h \to 0} \frac{a^h - 1}{h} = c = \log_e a$$

したがって，$\dfrac{f'(x)}{f(x)} = c$ $(c = \log a)$ つまり $f'(x) = c\,f(x)$
$f(x) = a^x$ ですから，

$$\frac{d}{dx} a^x = a^x \log_e a$$

となるのです．

T　よく覚えていました．そこで，その逆が次のように問題となります．

問 2.
　c が 0 でない定数のとき，x の関数 y で，
$$\frac{dy}{dx} = cy$$
となるものを求めよ．

P　これは教科書でやりました．復習してみます．

解 $y \neq 0$ のときは，与えられた式から，

$$\frac{1}{y}\frac{dy}{dx}=c$$

両辺を x で積分して，$\displaystyle\int\frac{dy}{y}=\int c\,dx$

$$\log|y|=cx+a \quad (a \text{ は任意定数})$$
$$y=\pm e^{cx+a}=\pm e^a e^{cx}$$

$A=\pm e^a$ とおくと，$y=Ae^{cx} \ (A \neq 0)$

また，つねに $y=0$ のときも $\dfrac{dy}{dx}=cy$ が成り立つ．

したがって求める解は，

$$y=Ae^{cx} \quad (A \text{ は任意定数})$$

T $y \neq 0, y=0$ と分けたところ，$\displaystyle\int\frac{dy}{y}=\log|y|$ と絶対値をつけたあたりしっかりとできました．しかし，実はこの解でも大きな穴があるのです．

P そうですか．随分ガッチリとやったつもりですが，どこがいけないのでしょうか．

T それは，あなたは，

(1) $y \neq 0$ のとき　　(2) つねに $y=0$ のとき

と分けて考えましたが，これが不備なのです．

P そうですか．ていねいにいうと，

(1)は，$y=0$ となるところがない場合

(2)は，つねに $y=0$

というのですね．ああ，そうです．わかりました．

(3)つねに $y=0$ というわけではないが，$y=0$ となるところがあるという場合が抜けています．これは大変なミスでした．

　　　全く0にならない　　　いつでも0

というのでは，論理的に全く不備です．そうしますと，わたしたちの教わったのは，間違った解だったのですね．

T やかましくいえば，そういうことになりますが，実は，

$\dfrac{dy}{dx}=cy$ の解で，$y=0$ となるところのあるものは，つねに $y=0$ となるものに限る

ことが，微分方程式の基本定理からすぐにわかるのです．

P しかし，その基本定理は高校ではやりませんね．では，どうしたらよいので
しょうか．

T 高校の微積分では，どうしてもこういうところが出てきます．微積分は，

正しい技術を学ぶ

ということで満足しなければならないこともあります．ここはそうした場合の
1つです．実は，この問題だけでしたら，

$$\frac{dy}{dx}=cy \iff y=Ae^{cx} \quad (A \text{ は定数})$$

ということは，

$$\frac{d}{dx}(ye^{-cx})=\frac{dy}{dx}e^{-cx}+ye^{-cx}(-c)=e^{-cx}\Big(\frac{dy}{dx}-cy\Big)$$

からすぐにわかるので，つまり，

$$\frac{dy}{dx}=cy \iff \frac{d}{dx}(ye^{-cx})=0 \iff ye^{-cx}=A \iff y=Ae^{cx}$$

P なるほど，これなら完ペキですね．これでよいではありませんか．

T いや，そうではありません．たいせつなのは，

微分方程式を解く

ことで，これでは「解いた」ことにはなりません．

P ところで，この微分方程式はたいせつなのですね．

T そうです．あちこちで出てきます．それというのも，$\frac{dy}{dx}=cy$ というのは，

y の瞬間変化率が y の現在量に比例する

ということですからね．物理では，

放射性をもった物質の放射能の崩壊
厚いガラスの中を通る光の強さ
冷却の法則

といったものがあります．

P グラフではどんなことになりますか．

T $y=a^x(a>1)$ のグラフの任意の点 P では接
線が x 軸と交わる点を T，P から x 軸へ下した
垂線の点を Q とすると，

$$y'=\frac{\mathrm{QP}}{\mathrm{TQ}}=\frac{y}{\mathrm{TQ}}$$

そして $y'=y\log_e a$ ですから，$\mathrm{TQ}=\dfrac{1}{\log_e a}$

つまり，$\mathrm{TQ}=$一定

P なるほどそういうわけですね．逆にこの性質

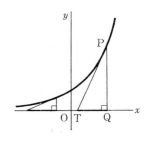

があると，$\mathrm{TQ}=\dfrac{1}{c}$ として，

$y'=cy$ から，$y=Ae^{cx}$

$e^c=a$ とおいて，$y=Aa^x$

これと，

$$y=a^x$$

との関係は，同じ x に対して，y の値が A 倍に
なっているわけですね.

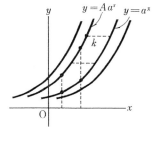

T そうです. しかし，$A>0$ のときは，

$\log_a A=k$ とおいて，$A=a^k$

したがって，$y=a^k a^x=a^{x+k}$

これは，$y=a^x$ のグラフを左へ k だけ平行移動したものです.

P なるほど，そういうわけですか. そうしますと，$\mathrm{TQ}=$ 一定 という条件をみ
たすものは，曲線としては本質的には $y=a^x$ だけですね.

T そうです. $c=$ 一定 として，A のいろいろの値に対して $y=Ae^{cx}$ のグラフ
をかいてごらんなさい. こうしたことも微分方程式を学んでいく上でたいせつ
なことの1つです.

次に，問2に帰着するおもしろい問題を示そう.

問 3.

　雪が道に積っていて，今なお，いちように降っているとする.

　除雪車が目の前の雪を完全に取除きながら進むとき，進んだ距離
を時間の関数として表わせ. また，通ったあとに積った雪の深さ
は，各時刻にどのようになっているか.

P 面白そうですが，なかなか考えにくいのではありませんか.

T まあ，ぼつぼつやっていきましょう.

まず，データが何も考えられていませんから，

これを与えましょう.

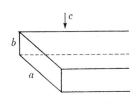

　　道路の幅を $a(\mathrm{m})$

　　はじめの雪の深さを $b(\mathrm{m})$

　　降る雪が，深さで毎分 $c(\mathrm{m})$

　　除雪能力を毎分 $V(\mathrm{m}^3)$

とします.

P どのように考えてよいか. さっぱりわからないのですが.

T　道路の進行方向に沿って x 軸（単位 m）を考え，

　　　　　時刻 $t=0$ での位置 $x=0$，時刻 t での位置 x

として，時刻が t から $t+\Delta t$ まで移る間に，位置が x から $x+\Delta x$ まで動いたとして式を立てて下さい．

P　これだけ準備して頂ければ楽です．この間に除雪した量は，ほぼ，

　　　　　$V\Delta t$ (m³)

他方，これは深さ $b+ct$(m) で積った雪であって，その量は，ほぼ，

　　　　　$(b+ct)a\,\Delta x$(m³)

この 2 つは大体等しいわけで，

　　　　　$V\Delta t \fallingdotseq (b+ct)a\Delta x$

だから

$$\frac{\Delta x}{\Delta t} \fallingdotseq \frac{V}{a(b+ct)}$$

$\Delta t \to 0$ として，

$$\frac{dx}{dt}=\frac{V}{a(b+ct)} \tag{1}$$

これを積分して，

$$x=\frac{V}{ac}\log(b+ct)+c_1 \tag{2}$$

$t=0$ のとき $x=0$ だから，

$$0=\frac{V}{ac}\log b+c_1 \tag{3}$$

(2) (3) を引いて，

$$x=\frac{V}{ac}\log\left(1+\frac{c}{b}t\right) \tag{4}$$

これで，時刻 t と位置 x の関係がわかりました．

T　よくできました．この関係をグラフにかいて下さい．

P　（暫くして）右のようになります．

T　結構です．(1) を

$$\frac{dt}{dx}=\frac{a}{V}(b+ct)$$

とかくと，問 2 より一般の形になります．そこで，問題の後半をやって下さい．

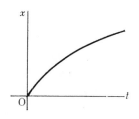

P　これも考えにくいですね．

T　こんどは，位置が x の所で，ここを通りすぎる

時刻を t として，それより先の時刻 T での雪の深さを考えてごらんなさい.

P そういわれれば，すぐできます. x と t の関係は，(4)を t について解けばよいでしょう. そのようにするのに，見やすくするため，

$$\frac{1}{k}=\frac{V}{ac} \tag{5}$$

とおきますと，

$$e^{kx}=1+\frac{c}{b}t, \quad \text{したがって，} \quad t=\frac{b}{c}(e^{kx}-1)$$

時刻 $T(>t)$ には，除雪したあと $T-t$ (分) の間に積った雪の深さは，$c(T-t)$ (m) だから，これを y (m) とおいて，

$$y=c(T-t)=cT-b(e^{kx}-1) \tag{6}$$

これでできました.

T よくできました. y を x の関数としてグラフをかいてみて下さい.

P (暫くして) 右のようになります. 時刻 T での除雪車の位置は，(4)(5)からわかるように，

$$x=\frac{1}{k}\log\left(1+\frac{c}{b}T\right) \tag{7}$$

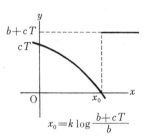
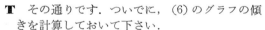

で，これが $y=0$ となるところです. それから先は，まだ雪の深さが $b+cT$ というわけです.

T その通りです. ついでに，(6)のグラフの傾きを計算しておいて下さい.

P (6)から，

$$\frac{dy}{dx}=-kbe^{kx} \tag{8}$$

となります.

T $x=0$ と $y=0$ でのグラフの傾き m はどうなりますか.

P $x=0$ では，$m=-kb$

$y=0$ では，x に(7)の値を入れて，

$$m=-kb\left(1+\frac{c}{b}T\right)=-k(b+cT)$$

となります.

T さらに，

$$\frac{d^2y}{dx^2}=-k^2be^{kx}$$

ですから，グラフは下に向って凹です.

P これで大へんようすがよくわかりました.

[練習問題]

5. 容量 $V(l)$ の浴漕に水が満ちていて，これに $v(l)$ の不純物が混ざっている とする．絶えずきれいな水が毎分 $c(l)$ の割でそそがれ，よく混ざってその量 だけ溢れ出るとすると，t 分後の不純物の量はいくらになるか．

指数関数についてのいろいろな問題を扱ってみよう．

.⁓⁓ 問 4. ⁓⁓⁓⁓⁓⁓⁓⁓⁓⁓⁓⁓⁓⁓⁓⁓⁓⁓⁓⁓⁓⁓⁓⁓⁓⁓⁓⁓⁓.

a が定数のとき，方程式 $e^x = ax$ にはいくつの解があるか．

P これは一度やったことがあります．この方程式を解くことはとても出来ませ んから，$y = e^x - ax$ のグラフをかいて，$y = 0$ のところ，つまり x 軸との交わ りを考えます．

解 1. $y = e^x - ax$ とおくと，$y' = e^x - a$

（Ⅰ） $a > 0$ のとき，

  $y' = 0$ となる x の値は，$x = \log a$
  したがって，x の値の変化による
  y の値の増減は次のようである．

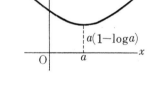

x	$-\infty$		$\log a$		∞
y'		$-$		$+$	
y	$+$	$\searrow$	$a(1-\log a)$	$\nearrow$	$+$

  $a(1-\log a)$ の正負は，$a < e$, $a > e$ によってきまるから，

    $a < e$ のときは解はない
    $a = e$ のときは解 1 つ
    $a > e$ のときは解 2 つ

（Ⅱ） $a = 0$ のとき

  $y = e^x$ となるから，$y = 0$ となること
  はない．

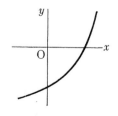

（Ⅲ） $a < 0$ のとき

  $y' = e^x - a$ はつねに正だから，y は増
  加関数である．そして，

$$\lim_{x\to-\infty} y = \lim_{x\to-\infty}(e^x - ax) = -\infty$$

$$\lim_{x\to\infty} y = \lim_{x\to\infty}(e^x - ax) = \infty$$

だから，$y=0$ の解は1つ，

以上をまとめて，解の個数は，$a<0$ のとき1

$0 \leqq a < e$ のとき 0，$a=e$ のとき 1，$a>e$ のとき 2

T ここで，$x\to\pm\infty$ のときの e^x と ax の大小が問題となるわけですが，よく処理できました．

P $x\to\infty$ のとき，$e^x\to\infty$ ですが，さらに $\dfrac{e^x}{x}\to\infty$ でした．

T そうです．どんな大きな自然数 n についても $\dfrac{e^x}{x^n}\to\infty$ です．これは，

$$e^x = 1 + x + \frac{x^2}{2!} + \cdots + \frac{x^n}{n!} + \frac{x^{n+1}}{(n+1)!} + \cdots$$

であることからわかります．これは高校ではやりませんがね．次にグラフを使っての解を示しましょう．

解 2. 曲線 $y=e^x$ のグラフを考え，その上の点 (p, e^p) での接線が原点を通る場合を考える．まず，その接線の方程式は，$y'=e^x$ を使って，

$$y - e^p = e^p(x-p) \qquad (1)$$

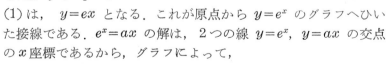

これが点 $(0,0)$ を通るから，

$$-e^p = -e^p p$$

したがって $p=1$

(1) は，$y=ex$ となる．これが原点から $y=e^x$ のグラフへひいた接線である．$e^x=ax$ の解は，2つの線 $y=e^x$，$y=ax$ の交点の x 座標であるから，グラフによって，

$a>e$ のときは，解2つ

$a<0$，$a=e$ のときは，解1つ

$0 \leqq a < e$ のときは，解はない

P この解では，グラフから直観的に処理しているわけですから，ちょっと厳密性に欠けているのではありませんか．

T　そういえば，その通りですが，この程度のことは許してもらいます．実際に
問題を処理していくときは，こうしたことでまず十分でしょう．もう１つ別解
をやって下さい．それは，

　　　　　　$y=x^{-1}e^x$ のグラフをかいて，$y=a$ のところを調べる

というやり方です．

P　やってみます．

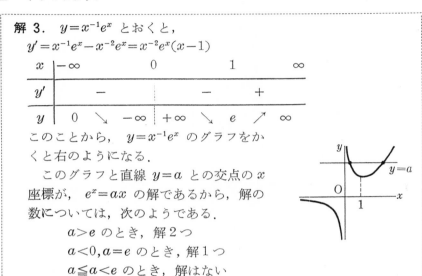

解 3.　$y=x^{-1}e^x$ とおくと，
$$y'=x^{-1}e^x-x^{-2}e^x=x^{-2}e^x(x-1)$$

x	$-\infty$		0		1		∞
y'		$-$		$-$		$+$	
y	0	$\searrow$	$-\infty$ ¦ $+\infty$	$\searrow$	e	$\nearrow$	∞

このことから，$y=x^{-1}e^x$ のグラフをか
くと右のようになる．

　　このグラフと直線 $y=a$ との交点の x
座標が，$e^x=ax$ の解であるから，解の
数については，次のようである．

　　　　$a>e$ のとき，解２つ
　　　　$a<0, a=e$ のとき，解１つ
　　　　$a\leqq a<e$ のとき，解はない

P　すっきりと気持よくやれました．

[練習問題]

6.　a が定数のとき，方程式 $\log x=ax$ にはいくつの解があるか．

7.　a, b が定数のとき，方程式 $e^x=ax+b$ にはいくつの解があるか．

　次に，少し変った形の問題を考えてみよう．

～　問 5.　～

　　a, b が正の数のとき，$a^b=b^a$ ならば $a=b$ であるといってよい
か．

P　少しでなく，大分変わった問題ですが，どうしてやったらよいか見当がつき

ません．代数だけでやれそうもないことはわかりますが，とにかくまず両辺の
対数をとれば，

$$b \log a = a \log b$$

です．

T そこで a, b が両辺にまたがらないようにしてごらんなさい．

P ab で割ると，

$$\frac{\log a}{a} = \frac{\log b}{b}$$

ああ，わかってきました． $\frac{\log x}{x}$ という関数を考えればよいのではありませ
んか．

T そうです．それでやってごらんなさい．

P ではやってみます．

解 $a^b = b^a$ という条件は， $b \log a = a \log b$，したがって

$$\frac{\log a}{a} = \frac{\log b}{b} \tag{1}$$

となる．そこで，

$$f(x) = \frac{\log x}{x}$$

を考える．まず，

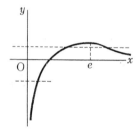

$$f'(x) = \frac{(\log x)' x - (x)' \log x}{x^2}$$

$$= \frac{1 - \log x}{x^2}$$

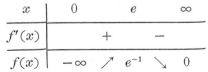

x	0		e		∞
$f'(x)$		$+$		$-$	
$f(x)$	$-\infty$	↗	e^{-1}	↘	0

したがって，(1) つまり $f(a) = f(b)$ が成り立っていても $a = b$
とは限らない．しかし，次のことはいえる．

$a \geqq e$, $b \geqq e$ ならば $a = b$

$a \leqq e$, $b \leqq e$ ならば $a = b$

$a \leqq 1$ または $b \leqq 1$ ならば $a = b$

T　よくできました.

P　$f(x)=\dfrac{\log x}{x}$　という関数は，もっと応用がありそうな感じですが.

T　そうです.　$f(x)=\log x^{\frac{1}{x}}$　となるので，これから　$x^{\frac{1}{x}}$　の性質が わかります.　つまり，

$$x^{\frac{1}{x}} \text{ は } x<e \text{ で増加，} x>e \text{ で減少}$$

です.　とくに，$x=1,2,3,\cdots$　のときに，よく知られた結果，

$$1<2^{\frac{1}{2}}<3^{\frac{1}{3}}>4^{\frac{1}{4}}>\cdots>n^{\frac{1}{n}}>\cdots$$

が出ます.

[練習問題]

8.　$2^x=x^2$　のとき，$x=2$　といってよいか.

9.　a,b が正数のとき，$a^a=b^b$　ならば　$a=b$　といってよいか.

双 曲 線 関 数

前に，

$$\frac{1}{2}(a^x+a^{-x}),\quad \frac{1}{2}(a^x-a^{-x})$$

のような関数について述べたが，ここでは，　$a=e$　の場合を考える.

これについて，次のことが成り立つ.

───問 6.───

t を媒介変数とする曲線

$$x=\frac{a}{2}(e^t+e^{-t}),\quad y=\frac{a}{2}(e^t-e^{-t})\quad(a>0)$$

は直角双曲線　$x^2-y^2=a^2$　の　$x>0$　の部分を表わしている.

$t=0$，$t=u$（$u>0$）に対応する点をそれぞれ A，P とし，原点を O とするとき，この双曲線の弧 AP と 2 つの線分 OA，OP とで囲まれる部分の面積は，$\dfrac{1}{2}a^2u$ に等しいことを証明せよ.

P　まず，

$$x=\frac{a}{2}(e^t+e^{-t})$$

$$y=\frac{a}{2}(e^t-e^{-t})$$

ですと，

$$x^2 - y^2 = a^2, \quad x > 0$$

であることはすぐにわかります.

弧 AP と線分 OA, OP で囲まれた部分の面積
を S とします. P から x 軸へ下した垂線の足を
Q とし, 弧 AP と2つの線分 AQ, QP で囲まれ
た部分を S_1 としますと, S は △OPQ の面積か
ら S_1 をひいたものになります. したがって,

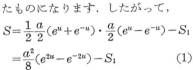

$$S = \frac{1}{2}\frac{a}{2}(e^u + e^{-u}) \cdot \frac{a}{2}(e^u - e^{-u}) - S_1$$

$$= \frac{a^2}{8}(e^{2u} - e^{-2u}) - S_1 \tag{1}$$

そこで,

$$S_1 = \int_0^u y\,dx$$

を計算すればよいことになります. しかし, y, x ともに t の関数です. t を消
去して y を x の関数で表わさなければいけないでしょうか.

T　その必要はありません. 変数は t のままでやって下さい.

P　そうしますと,

$$S_1 = \int_0^u y\frac{dx}{dt}\,dt$$

とするのですね. これで計算を進めますと, $\frac{dx}{dt} = \frac{a}{2}(e^t - e^{-t})$ ですから,

$$S_1 = \int_0^u \frac{a}{2}(e^t - e^{-t}) \cdot \frac{a}{2}(e^t - e^{-t})\,dt$$

$$= \frac{a^2}{4}\int_0^u (e^{2t} + e^{-2t} - 2)\,dt = \frac{a^2}{4}\left[\frac{1}{2}(e^{2t} - e^{-2t}) - 2t\right]_0^u$$

$$= \frac{a^2}{8}(e^{2u} - e^{-2u}) - \frac{1}{2}a^2 u$$

これと (1) から,

$$S = \frac{1}{2}a^2 u$$

きれいに出ました.

ここで扱っている関数 $\frac{1}{2}(e^t + e^{-t})$, $\frac{1}{2}(e^t - e^{-t})$ を双曲線関数と呼ん
で,

$$\cosh t = \frac{1}{2}(e^t + e^{-t}), \quad \sinh t = \frac{1}{2}(e^t - e^{-t})$$

と表わす. この場合,

$$(\cosh t)^2 - (\sinh t)^2 = 1$$
$$\cosh(u+v) = \cosh u \cosh v + \sinh u \sinh v$$
$$\sinh(u+v) = \sinh u \cosh v + \cosh u \sinh v$$
$$\frac{d}{dt}\cosh t = \sinh t, \quad \frac{d}{dt}\sinh t = \cosh t$$

というような公式が成り立つ.

P 三角関数によく似た公式ですね. 確かめることは容易です. ところで, 質問があります. 双曲線関数と呼ぶのは, $x = \cosh t$, $y = \sinh t$ とおくと,

$$x^2 - y^2 = 1 \tag{2}$$

となってこれが双曲線を表わすからですね.

T そうです. しかし, 問で示しているように $x > 0$ の部分だけです.

P cosh, sinh は何と呼ぶのですか.

T コサイン・ハイパーボリック, サイン・ハイパーボリックでよいでしょう. hyperbolic というのは hyperbola (双曲線)の形容詞形です. ここで, 問6の意義をお話ししておきましょう. $a > 0$ として,

$$x = a\cos t, \quad y = a\sin t \tag{3}$$

は円を表わすことはよく知っていますね. この場合, $t > 0$ としますと, t は点 $A(a,0)$ と点 $P(\cos t, \sin t)$ に関して,

$$t = \angle AOP$$

となっています. そこで,

$$x = a\cosh t, \quad y = a\sinh t \tag{4}$$

についても, そのようになっているかと考えますと, $A(a,0)$, $P(a\cosh t, a\sinh t)$ について, $\alpha = \angle AOP$ とおくとき,

$$\tan\alpha = \frac{y}{x} = \frac{\sinh t}{\cosh t} = \frac{e^t - e^{-t}}{e^t + e^{-t}}$$

となって, $\alpha = t$ とはならないのです.

そこで, この場合, t は何になると思いますか.

P 中心角でだめだとしますと, 円 (3) では, 円弧 AP の長さが at ということがあります.

T それでは, (4) で弧 AP の長さを求めてごらんなさい. 公式によると,

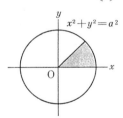

$$s=\int_0^t \sqrt{\left(\frac{dx}{dt}\right)^2+\left(\frac{dy}{dt}\right)^2}\,dt$$

となることは知っているでしょう.

P　これによりますと,

$$s=a\int_0^t \sqrt{(\sinh t)^2+(\cosh t)^2}\,dt$$

となりますが,平方根の中が1になってくれません.この辺でも三角関数とのちがいがはっきりと出ました.さあ,中心角でだめ,弧の長さでだめとなると何でしょう.困りました.

T　そこで,問6の結果が効いてくるのです.円の場合,扇形 AOP の面積を S とすると,

$$S=\frac{1}{2}a^2t$$

となっているでしょう.双曲線 (4) の場合にもそうなるというのです.もっとも,このときは AOP はあまり「扇形」でもありませんがね.

P　あっ,そうでしたか.そのための問ですか.深謀遠慮ですね.中心角でだめ,円弧でだめだったものが,面積でうまくいくとは気がつきませんでした.

T　その辺が,数学に限らず学問のおもしろいところです.あるものについてある性質があるとき,似たものについて似た性質があるかを調べることは学問の常道ですが,それがいつでもすらすらいくとは限らないのです.そこを見透していく洞察力というものが,学問を進歩させてくれるのです.

P　ところで,一般に曲線が媒介変数 t を使って,

$$x=f(t),\quad y=g(t)$$

と与えられているとき,t の図形での意味がいつでもわからないといけないのでしょうか.

T　いや,決してそんなことはありません.もちろん,わかればこれに越したことはありませんが.

P　もう1つ質問があります.ここでの双曲線と双曲線関数のことは,もっと先の話があるのでしょうね.

T　それは,大いにあります.

$$x'=x\cos\alpha-y\sin\alpha,\ \ y'=x\sin\alpha+y\cos\alpha$$

による変換 $(x,y)\to(x',y')$ は,円 $x^2+y^2=1$ をそれ自身へ移し,この場合,点 $(\cos t,\sin t)$ は点 $(\cos(t+\alpha),\sin(t+\alpha))$ へ移ります.
これに対して,

$$x'=x\cosh\alpha+y\sinh\alpha,\ \ y'=x\sinh\alpha+y\cosh\alpha$$

による変換 $(x,y) \to (x',y')$ は，直角双曲線 $x^2-y^2=1$ をそれ自身へ移し，この場合，点$(\cosh t, \sinh t)$を点$(\cosh(t+\alpha), \sinh(t+\alpha))$へ移すのです．

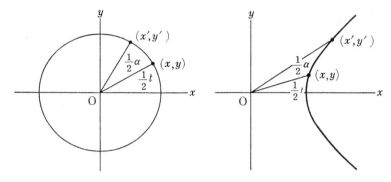

P　なるほど，そういう基本的なことでしたか．それでしたら，双曲線の場合のことも，何か応用があるのでしょうね．

T　実は，非ユークリッド幾何とか，特殊相対性理論でのローレンツ変換といったものがこれと関連しているのです．それはまた，先の楽しみとして下さい．

11
三　角　関　数

三角関数というのは，昔は三角比として測量など
に利用されていたのであるが，現代では周期的な変
化をとらえる関数としての立場からの扱いの方が中
心となってきている．ものごとは，その発生だけか
らとらえられるものではない．

　一定の周期で繰返し起こってくることは，社会現象にも，自然現象に
も極めて多い．ことに，自然現象における振動はそうしたものである．
これらの現象を扱うとき，基本となるのが三角関数である．

　原点 O を中心とする半径 a の円周上
を，中心に対する角速度 α で動いている
点 P の座標 (x, y) は，

$$x = a\cos(\alpha t + \beta)$$
$$y = a\sin(\alpha t + \beta)$$

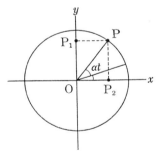

で表わされる．その x 軸上への正射影
P_1 の運動は，

$$x = a\cos(\alpha t + \beta) \qquad (1)$$

で表わされ，y 軸上への正射影 P_2 の運
動は，

$$y = a\sin(\alpha t + \beta) \qquad (2)$$

で与えられる．P_1, P_2 の運動が単振動で，その振幅は a，周期は $\dfrac{2\pi}{|\alpha|}$ で
ある．

P こうしたことは，よく知っています．単振動の式 (1) (2) が本質的には同じ
であることは，一般に成り立つ公式

$$\cos\theta=\sin\!\left(\theta+\frac{\pi}{2}\right)$$

によって，

$$\cos(\alpha t+\beta)=\sin(\alpha t+\gamma),\quad \gamma=\beta+\frac{\pi}{2}$$

となるからです．

T よくわかっていますね．β のことを位相（phase）といいますが，これが $\frac{\pi}{2}$
だけずれているわけです．

　次に，

$$y=\sin x$$

については，

　　　周期が 2π，　　奇関数である，　　$\sin(\pi-x)=\sin x$

$$\frac{d}{dx}\sin x=\cos x$$

などは基本的である．そのグラフが次のようであることは，よく知って
いる．ここで，$x=0$ での接線の傾きは1である．これは，

　　　$x\fallingdotseq0$ のとき，$\sin x\fallingdotseq x$

ということに当る．

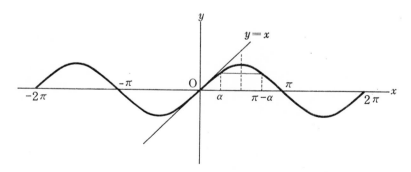

　一般に，

$$y=a\sin(\alpha x+\beta)\quad (a>0,\ \alpha>0)$$

のグラフである曲線を正弦曲線（sine curve）という．

$$\sin(\alpha x + \beta) = \sin \alpha \left(x + \frac{\beta}{\alpha} \right)$$

だから，$y = a\sin(\alpha x + \beta)$ のグラフは，$y = \sin x$ のグラフを次の順序に移動，変形して得られるものである．

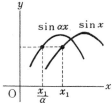

(1) y 軸をもとにして，左右を $\frac{1}{\alpha}$ 倍にする．これで，

$$\sin x \rightarrow \sin \alpha x$$

(2) x 軸の正の向きに $-\frac{\beta}{\alpha}$ だけ平行移動する．

$$\sin \alpha x \rightarrow \sin \alpha \left(x + \frac{\beta}{\alpha} \right)$$

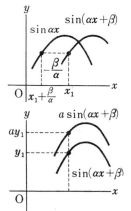

(3) y 軸をもとにして上下を a 倍にする．

$$\sin \alpha \left(x + \frac{\beta}{\alpha} \right) \rightarrow a \sin \alpha \left(x + \frac{\beta}{\alpha} \right)$$

これで，$y = a\sin(\alpha x + \beta)$ のグラフが得られる．

なお，$\cos(\alpha t + \beta) = \sin\left(\alpha t + \beta + \frac{\pi}{2} \right)$ だから，

$$y = a\cos(\alpha t + \beta)$$

のグラフも正弦曲線である．

 練習問題

1. 次の関数のグラフは正弦曲線といえるか．
   (1) $\cos x + \sin x$ 　　(2) $\cos^2 x$ 　　(3) $\sin^3 x$

手近いところに見られる正弦曲線を示しておこう．

--- 問 1. ---

　直角三角形の紙 ABC（$\angle C = 90°$）を，BC が直円柱の母線に重なるように置き，この紙を直円柱面に巻きつけると，AB は1つの空間曲線を作る．この曲線を，直円柱の軸をふくむ平面へ正射影してできる線は正弦曲線である．これを証明せよ．

P　なかなか難しそうです．どうも空間のことは，ピンと来ません．

T　それでは困ります．結局，馴れの問題だと思います．ここでは座標を使って考えてごらんなさい．

P　直円柱の軸を z 軸にして座標軸を考えますと，直円柱面の方程式は
$$x^2 + y^2 = a^2$$
となります．BC をその母線に重ねて △ABC を円柱面に巻きつけます．A のところが，図で一番下に来ますから，これが x 軸上にあると考えてやります．

T　それがよいでしょう．むしろ，そのように x 軸をとるわけですね．そこで，まずこの空間曲線の方程式を作ってごらんなさい．

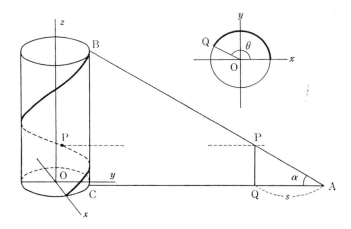

P　辺 AC 上をAから s だけ進んだところを Q とし，Q で AC に立てた垂線が AB と交わる点を P とします．$\angle A = \alpha$ とおきますと，
$$AQ = s, \quad QP = s \tan \alpha$$
これを直円柱面にまきつけると，AQ は円弧になるわけで，中心角を θ とすると，
$$s = a\theta$$
このまきつけで，点Pの位置が座標 (x, y, z) で表わされる点へ移るとすると，
$$x = a \cos \theta, \quad y = a \sin \theta, \quad z = b\theta \tag{1}$$
となります．ここで，$b = a \tan \alpha$ です．

T　それで結構です．そこで，この曲線を z 軸をふくむ平面へ正射影するわけですが，この平面を yz 平面にとってやると楽です．

P　ちょっと待って下さい．それでは，特殊な平面になりませんか．

T　一応そうですが，実はこれでよいのです．しかしまあ，気になるのなら，こ

の平面をはじめから yz 平面にとったとして，

　　　点 A の位置を $(a\cos\gamma, b\sin\gamma)$

として考えてごらんなさい．

P　そうしますと，線の方程式は，

　　　$x = a\cos\theta,\quad y = a\sin\theta,\quad z = b(\theta - \gamma)$

となります．なるほど，これは (1) を z 軸の方
向へ $-b\gamma$ だけ平行移動したものですね．それ
なら，(1) で考えても，正射影も平行移動して
いるだけですから，形は同じです．

T　そこでどうしますか．

P　点 (x, y, z) の yz 平面への 正射影というのは，
$(0, y, z)$ ですから，この場合，

　　　$x = 0,\quad y = a\sin\theta,\quad z = b\theta$

したがって，

$$y = a\sin\frac{z}{b}$$

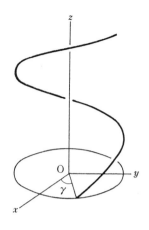

となって確かに正弦曲線です．

　　これで終りましたが，曲線 (1) には何という名前があるのですか．

T　つるまき線とか常螺線といいます．英語では helix です．

P　らせん階段というのは，これに縁がありますね．

T　その通りです．これは，次のようなものであることも
わかっています．細いガラスの管で曲線形のものを作り，
その中へ針金を通します．この針金がまがることなく，
この管からするりと抜けるのは，管の形が，直線，円弧
の他には，このつるまき線しかないのです．

P　大変おもしろいことですね．

T　ところで，軸をふくむ平面でなくて，もっとちがった
平面へつるまき線を正射影すると，どんな形になるかわ
かりますか．

P　計算で正確にやるのですか．

T　いや，そうではありません．大体のようすで結構です．まず真上から見ると
円です．それから順に正射影の平面を傾けていってごらんなさい．

P　そうしてみます．（暫く考えて）順に次のようです．
ずいぶん，いろいろな形になります．

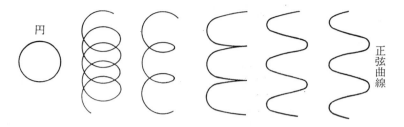

円　　　　　　　　　　　　　　　　　　　　　　　　　　　正弦曲線

T　そうです．結局，はじめが円，終りが正弦曲線です．

P　途中で尖ったところのある図にもなるのですね．こうした線にも名前があるのですか．

T　それぞれに，よく知られた線と関係があるのですが，ここでは詳しくはお話ししません．

正弦曲線はまた，次のようにしても手近に得られる．

──── 問 2. ────
　直円柱面に薄い紙を巻きつけ，これを円柱面の軸に斜めに交わる平面で切り，この紙を平面上に拡げると，切り口の展開図として正弦曲線が得られる．これを証明せよ．

P　先ほどは，大分手を取って頂きましたので，こんどは自分でやってみます．どうやら，空間の座標を使う必要はないようです．

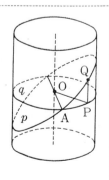

解　切り口の平面を p とし，これが x 軸と交わる点を O，この点 O を通って軸に垂直な平面を q として，平面 q と直円柱面とが交わってできる円を考える．
　この円の半径を r，この円周上で，平面 p の上にもある点を A，任意の点を P とし，弧 AP に対する中心角の大きさを θ，弧 AP の長さを x とすると，

$$x = r\theta \qquad\qquad (1)$$

次に，P を通る直円柱の母線と平面 p との交点を Q，Q から OA へ下した垂線の足を H とすれば，

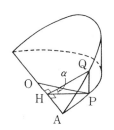

PH⊥OA

平面 p, q のなす角を α とすれば，

∠PHQ＝α

PQ＝y とおくと，

$$y = \text{PH} \tan \alpha = r \sin \theta \tan \alpha \qquad (2)$$

$r \tan \alpha = a$ とおけば (1) (2) によって，

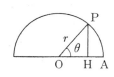

$$y = a \sin \frac{x}{r}$$

これが，切り口の線の展開図として表われる線である．

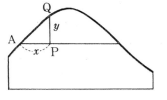

T これは，平面 q より上の部分をやっていますが，下の部分についても同じようですから，これで一応よいでしょう．

P ところで，直円柱面を平面 p で切った切り口の線は楕円ですね．ですから，楕円の展開図が正弦曲線となっているわけです．ちょっとおもしろいことですね．

T ですから，正弦曲線 $y = a \sin \frac{x}{r}$ の1周期（$0 \leqq x \leqq 2\pi r$）の長さが，切り口の楕円の周に等しいわけで，この楕円の方程式は，

$$\frac{x^2}{(r \sec \alpha)^2} + \frac{y^2}{r^2} = 1$$

とかけます．

P 楕円の周は積分で表わせないということを聞いたことがあるように思いますが．

T そうです．媒介変数 θ を使って

$$x = a \cos \theta, \quad y = b \sin \theta \quad (a > b > 0)$$

で与えられる楕円の周は，$e = \sqrt{a^2 - b^2}/a$ とおいて，

$$L=\int_0^{2\pi}\sqrt{\left(\frac{dx}{d\theta}\right)^2+\left(\frac{dy}{d\theta}\right)^2}\,d\theta=\int_0^{2\pi}\sqrt{a^2\sin^2\theta+b^2\cos^2\theta}\,d\theta$$

$$=a\int_0^{2\pi}\sqrt{1-e^2\cos^2\theta}\,d\theta$$

となります．この積分が楕円積分といって，ふつうの関数を使った計算ではやれないことがわかっているのです．

三角関数の和

いくつかの三角関数の和として表わされる関数について研究する．

まず，a,b が 0 でない定数のとき，関数

$$y=a\sin x+b\cos x \tag{1}$$

については，次のようなくふうによって，その全貌がわかる．

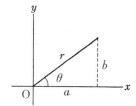

(a,b) を座標にもつ点を P とし，その極座標を r,θ とすると，

$$a=r\cos\theta,\ \ b=r\sin\theta$$
$$r=\sqrt{a^2+b^2}$$

したがって (1) は次のように変形される．

$$y=r\cos\theta\sin x+r\sin\theta\cos x$$

となって，

$$y=r\sin(x+\theta)$$

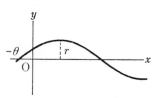

したがって，y の最大値は r，最小値は $-r$，グラフは正弦曲線となる．

P　これは教科書で習いました．たとえば，

$$\sin x+\cos x=\sqrt{2}\,\sin\!\left(x+\frac{\pi}{4}\right)$$

$$\sqrt{3}\,\sin x-\cos x=2\sin\!\left(x-\frac{\pi}{6}\right)$$

です．

T　よく覚えていました．こんどは，少しちがった和を考えましょう．

～ **問 3.** ～～～～～～～～～～～～～～～～～～～～～～～～～～～

次の関数の増減を調べてグラフをかけ.

(1) $\sin x + \dfrac{1}{2}\sin 2x$

(2) $\sin x + \dfrac{1}{2}\sin 2x + \dfrac{1}{3}\sin 3x$

P $a\sin x + b\cos x$ の場合のようにうまくまとまりそうもありませんね.

T そうです. ですから, 微分法を使って, ふつうのやり方でやって下さい.

P では, そうします.

解 (1) $y = \sin x + \dfrac{1}{2}\sin 2x$

微分して,

$$y' = \cos x + \cos 2x$$
$$= \cos x + 2\cos^2 x - 1$$
$$= (2\cos x - 1)(\cos x + 1)$$

y は周期 2π の関数であり, かつ奇関数であるから, 区間 $[0, \pi]$ を調べればよい.

x	0		$\dfrac{\pi}{3}$		π
y'		$+$		$-$	
y	0	↗	$\dfrac{3\sqrt{3}}{4}$	↘	0

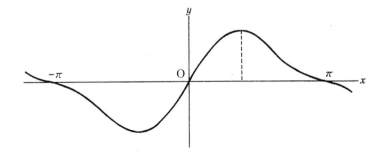

(2)　　$y = \sin x + \dfrac{1}{2}\sin 2x + \dfrac{1}{3}\sin 3x$

　　　　$y' = \cos x + \cos 2x + \cos 3x = (\cos x + \cos 3x) + \cos 2x$

　　　　　$= 2\cos 2x \cos x + \cos 2x = \cos 2x(2\cos x + 1)$

この場合も，y は周期 2π の奇関数である.

x	0		$\dfrac{\pi}{4}$		$\dfrac{2\pi}{3}$		$\dfrac{3\pi}{4}$		π
y'		$+$		$-$		$+$		$-$	
y	0	↗	$\dfrac{2}{3}\sqrt{2}+\dfrac{1}{2}$	↘	$\dfrac{\sqrt{3}}{4}$	↗	$\dfrac{2}{3}\sqrt{2}-\dfrac{1}{2}$	↘	0

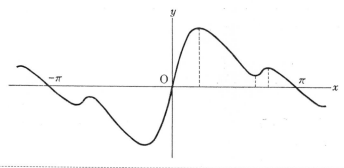

T　よくできました. グラフの形からいうと,

$$\sin x, \quad \frac{1}{2}\sin 2x, \quad \frac{1}{3}\sin 3x$$

のグラフをかいて, これを加える方法も あります. それで やってごらんなさい. もっとも, そのやり方では, 極大,極小は大体のことしか わかりませんが.

P　$\dfrac{1}{2}\sin 2x$, $\dfrac{1}{3}\sin 3x$ は周期がそれぞれ π, $\dfrac{2}{3}\pi$ で小刻みですね. これらを加えて, (1) (2) のグラフが得られます.

　　これらはどちらも周期は 2π で, 波形のグラフですが, その形が (1) よりは (2) の方が入りくんでいます. このようにして順に,

$$\sin x, \quad \sin x + \frac{1}{2}\sin 2x, \quad \sin x + \frac{1}{2}\sin 2x + \frac{1}{3}\sin 3x$$

と考えてきたわけですが, もっと先へ考えられるのではありませんか. もっとも, 計算は複雑になっていくと思われますが.

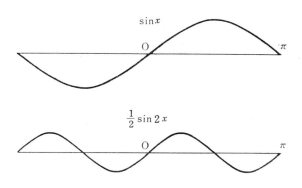

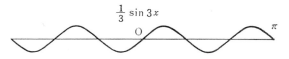

T　実は，さらに

$$\sin x + \frac{1}{2}\sin 2x + \frac{1}{3}\sin 3x + \frac{1}{4}\sin 4x$$

というように進んでいきますと，結局

$$\sin x + \frac{1}{2}\sin 2x + \frac{1}{3}\sin 3x + \cdots + \frac{1}{n}\sin nx + \cdots \qquad \text{(A)}$$

は，周期が 2π で，

$$(0, 2\pi) \text{ では，} \quad f(x) = \frac{\pi - x}{2}, \qquad f(0) = 0$$

である関数 $f(x)$ を表わすことがわかっています．証明はちょっと面倒で，こ

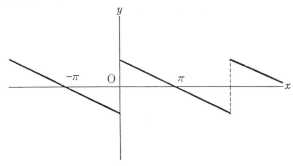

こではやれません.

P　問3の (1) や (2) は連続関数ですが，(A) のように極限へ行くとそうならないのですね．このようなものは応用があるのですか.

T　大ありです．もっと一般に考えた

$$x_0+(a_1 \cos x+b_1 \sin x)+(a_2 \cos 2x+b_2 \sin 2x)+\cdots(無限)$$

というものが，フーリエ級数と呼ばれて，自然現象の解明や，理論的な問題に極めて重要な役割を果すのです．しかも，この級数で表わされる関数は特殊なものでなく，周期 2π のふつうの関数は，すべてこの形に表わされることもわかっているのです.

[練習問題]

2.　次の関数の増減を調べてグラフをかけ.

(1)　$\sin x+\dfrac{1}{3}\sin 3x$　　　(2)　$\sin x+\dfrac{1}{3}\sin 3x+\dfrac{1}{5}\sin 5x$

問3とちがって，$a \sin x+b \sin \sqrt{2}x$ のような関数は周期関数にならない．このことを問題にしよう.

～～ 問 4. ～～～～～～～～～～～～～～～～～～～～～～～～～～～

　a,b が0でない定数のとき，$a \sin x+b \sin \sqrt{2}x$ は周期関数にならない．これを証明せよ.

～～～～～～～～～～～～～～～～～～～～～～～～～～～～～～～～～

P　こんな問題はやったことがありませんが.

T　そんなことを言わないで，まあやってごらんなさい．周期があるとすると矛盾の起こることをいえばよいでしょう.

P　$f(x)=a \sin x+b \sin \sqrt{2}x$ とおいて，α が周期としますと，

$$f(x+\alpha)=f(x)$$

つまり，

$$a \sin(x+\alpha)+b \sin \sqrt{2}(x+\alpha)=a \sin x+b \sin \sqrt{2}x \qquad (1)$$

まず，$x=0$ とおいて，

$$a \sin \alpha+b \sin \sqrt{2}\alpha=0 \qquad (2)$$

次にどうしたらよいでしょうか．(1) で $x=\pi, 2\pi$ などとおいてみましょうか.

T　それも手掛りになるでしょうが，(1) で x のところへ $-x$ とおいてごらんなさい.

P　そうしますと，

$$a \sin(-x+\alpha)\, b \sin\sqrt{2}\,(-x+\alpha) = -a \sin x - b \sin\sqrt{2}\,x$$

これと (1) を加えて，加法定理を使い，2 で割ると

$$a \sin\alpha \cos x + b \sin\sqrt{2}\,\alpha \cos\sqrt{2}\,x = 0 \tag{3}$$

(2) から，

$$b \sin\sqrt{2}\,\alpha = -a \sin\alpha$$

これを (3) に代入して，

$$a \sin\alpha(\cos x - \cos\sqrt{2}\,x) = 0$$

$x = \dfrac{\pi}{2}$ とおくと，

$$a \sin\alpha\left(-\cos\frac{\sqrt{2}\,\pi}{2}\right) = 0$$

これから，

$$\sin\alpha = 0$$

だから，

$$\alpha = n\pi \quad (n \text{ は整数})$$

また (2) から，

$$\sin\sqrt{2}\,\alpha = 0$$

だから，

$$\sqrt{2}\,\alpha = m\pi \quad (m \text{ は整数})$$

$\alpha = 0$ の場合を除くと，

$$\sqrt{2} = \frac{m}{n} \quad (\text{有理数})$$

これは矛盾です．

T　それで結構です．

P　しかし先生，「周期関数にならない」といった否定的なことの証明は，建設的ではなくて，つまらないような気がしますが．

T　そうでもありません，数学というものの立場からは，こうしたことも大切です．

P　この形の関数 $a \sin x + b \sin\sqrt{2}\,x$ といったものも 応用されることがあるのですか．

T　こうしたものは，概周期関数といって，これはこれでまた，実際に出てくるものなのです．少しようすはちがいますが，

$$\sin x \text{ は } x \text{ の整式として表わされることはない} \tag{1}$$

ということを証明してみませんか．近似式としては，

$x \fallingdotseq 0$ のとき，

$$\sin x \fallingdotseq x, \quad \sin x \fallingdotseq x - \frac{x^3}{3!}, \quad \sin x \fallingdotseq x - \frac{x^3}{3!} + \frac{x^5}{5!}$$

ということは成り立つのですがね.

P 考えてみます.（暫くして），

$$\sin 0=0, \quad \sin \pi=0, \quad \sin 3\pi=0, \cdots$$

と $\sin x=0$ となる x は無数にありますが，整式 $P(x)$ については そんなこと
はありません. $P(x)=0$ という x は有限個です. これで (1) がわかります.

T その通りです. もっとちがった証明はありませんか.

P $x\to\infty$ としても，$|\sin x|\leqq 1$ ですが，整式 $P(x)$ については，

$$\lim_{x\to\infty}|P(x)|=\infty$$

です.

[練習問題]

3. $\tan x$ は x の分数式として表わされることはない. これを証明せよ.

関数 $e^{-ax}\sin bx$

この関数は，応用上極めて重要なものであるから，これについていろ
いろ調べておこう.

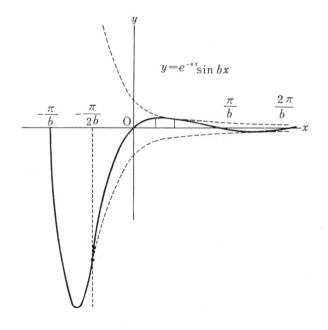

$$y=e^{-ax}\sin bx$$

まず，

$$y=e^{-ax}\sin bx \quad (a>0, \ b>0)$$

のグラフについては，次のようである．

$-e^{-ax}\leqq y\leqq e^{ax}$ であって，

$$y=e^{ax} \text{ となるのは } x=\frac{\pi}{b}\Big(2n+\frac{1}{2}\Big)$$

$$y=-e^{ax} \text{ となるのは } x=\frac{\pi}{b}\Big(2n-\frac{1}{2}\Big) \quad (n \text{ は整数})$$

$$y=0 \text{ となるのは } x=\frac{\pi}{b}n$$

のところである．これでグラフの大体がわかる．

次に増減は，

$$y'=e^{-ax}(b\cos bx-a\sin bx)$$

の符号によってきまり，$b\cos\theta-a\sin\theta=0$，つまり，

$$\tan\theta=\frac{b}{a}$$

となる 0 と $\frac{\pi}{2}$ の間の θ を使うと，

$$y \text{ は，} \ x=\frac{2n\pi+\theta}{b} \text{ で極大,} \ x=\frac{(2n+1)\pi+\theta}{b} \text{ で極小} (n \text{ は整数})$$

また，y'' を求めてグラフの凹凸を調べることもできる．

次に積分について考えよう．

～～ 問 5. ～～～～～～～～～～～～～～～～～～～～～～～～～～～

$y=e^{-ax}\sin bx \ (a>0, \ b>0)$ の $x\geqq0$ の部分と，x 軸とで囲まれる無数に多くの部分の面積の総和を求めよ．

P これは，なかなか大変ですね．まず，不定積分から考えなくてはなりません．そこで，

$$A=\int e^{-ax}\sin bx \, dx \quad (a^2+b^2\neq0)$$

を考えます．これは部分積分を 2 回繰返して求めたことを覚えています．

T それで結構ですが，次のようにやるのもよいでしょう．この A の他に，

$$B=\int e^{-ax}\cos bx \, dx$$

も考えることにしますと，

$$(e^{-ax}\sin bx)' = -ae^{-ax}\sin bx + be^{-ax}\cos bx$$
$$(e^{-ax}\cos bx)' = -ae^{-ax}\cos bx - be^{-ax}\sin bx$$

であることから，両辺の積分を考えて，

$$e^{-ax}\sin bx = -aA + bB \tag{1}$$
$$e^{-ax}\cos bx = -bA - aB \tag{2}$$

(1)×(−a)＋(2)×(−b) を作って a^2+b^2 で割りますと，

$$A = -\frac{e^{-ax}}{a^2+b^2}(a\sin bx + b\cos bx) \tag{3}$$

B の方も同じようにして出ます．

P なるほど，この方が覚えやすいですね．

ところで，グラフの

$$\left[0,\ \frac{\pi}{b}\right],\ \left[\frac{\pi}{b},\ \frac{2\pi}{b}\right],\ \cdots,\ \left[\frac{(n-1)\pi}{b},\ \frac{n\pi}{b}\right],\ \cdots$$

の各区間の部分と x 軸の間の面積 $S_1, S_2, \cdots S_n, \cdots$ を求めてこれらを加えればよいのですね．

T そうです．ですから，一般の場合の S_n を求めてごらんなさい．

P 不定積分 (3) を使えば，

$$S_n = \left| \left[-\frac{e^{-ax}}{a^2+b^2}(a\sin bx + b\cos bx) \right]_{\frac{(n-1)\pi}{b}}^{\frac{n\pi}{b}} \right|$$

$\sin n\pi = 0$, $\cos n\pi = (-1)^n$ であることから，

$$S_n = \frac{b}{a^2+b^2}\left(e^{-\frac{a(n-1)\pi}{b}} + e^{-\frac{an\pi}{b}} \right)$$
$$= \frac{b}{a^2+b^2}\left(1 + e^{-\frac{a\pi}{b}} \right) e^{-\frac{a(n-1)\pi}{b}}$$

ああ，これは等比数列になりますね．

T そうです．和を求めてごらんなさい．

P 求める面積の総和を S としますと，無限等比級数の和の公式によって，

$$S = \sum_{n=1}^{\infty} S_n = \frac{b}{a^2+b^2}\ \frac{1+e^{-\frac{a\pi}{b}}}{1-e^{-\frac{a\pi}{b}}} = \frac{b}{a^2+b^2}\ \frac{e^{\frac{a\pi}{b}}+1}{e^{\frac{a\pi}{b}}-1}$$

直線上を動く点があって，時刻 t における点の座標を x とするとき，

$$x = e^{-at}\sin bt \quad (a>0,\ b>0) \tag{1}$$

であると，速度，加速度は，それぞれ，

$$\frac{dx}{dt} = e^{-at}(-a\sin bt + b\cos bt)$$

$$\frac{d^2x}{dt^2} = e^{-at}((a^2-b^2)\sin bt - 2ab\cos bt)$$

となって次の微分方程式が成り立つ.

$$\frac{d^2x}{dt^2} + 2a\frac{dx}{dt} + (a^2+b^2)x = 0$$

ここで,

$$x = e^{-at}\cos bt \tag{2}$$

も，この微分方程式の解であって，(2) に c_1，(1) に c_2 を掛けて加えた

$$x = c_1 e^{-at}\cos bt + c_2 e^{-at}\sin bt = e^{-at}(c_1\cos bt + c_2\sin bt)$$

も解となっている．この式は，前ページの (1) と同じような形，

$$x = re^{-at}\sin(bt+\theta)$$

と表わすこともできる．この式で表わされる運動は，時間の経過とともに振幅の次第に小さくなっていく振動で，減衰振動といわれている.

e^{ix} について

$$f(x) = \cos x + i\sin x \quad (i=\sqrt{-1})$$

とおくときは，三角関数の加法定理によって，

$$f(x)\,f(y) = f(x+y)$$

であることが容易に確かめられる．そこで，

$$e^{ix} = \cos x + i\sin x$$

によって e^{ix} を定義すると，

$$e^{ix}e^{iy} = e^{i(x+y)} \tag{1}$$

となる．したがってまた，

$$n が自然数のとき，(e^{ix})^n = e^{inx} \tag{2}$$

ともなる.

P e^{ix} とかくと三角関数の加法定理によって，指数法則と同じ形の (1) が成り立つことになるのですね．(2) は ド・モアブル の公式

$$(\cos x + i\sin x)^n = \cos nx + i\sin nx$$

ですね.

T　そうです.この式の左辺を展開して,両辺の実数部分,虚数部分をくらべますと,三角関数の n 倍角公式が得られます.たとえば $n=2$ のときは,

$$(\cos x + i\sin x)^2 = \cos^2 x - \sin^2 x + 2i\cos x \sin x$$

によって,

$$\cos 2x = \cos^2 x - \sin^2 x, \qquad \sin 2x = 2\sin x \cos x$$

また,

$$e^{i\frac{\pi}{2}} = \cos\frac{\pi}{2} + i\sin\frac{\pi}{2} = i$$

によると,

$$e^{i\,(x+\frac{\pi}{2})} = e^{ix}e^{i\frac{\pi}{2}} = e^{ix}i = (\cos x - i\sin x)\,i$$

両辺の実数部分,虚数部分をくらべて,

$$\cos\left(x+\frac{\pi}{2}\right) = -\sin x, \quad \sin\left(x+\frac{\pi}{2}\right) = \cos x$$

となります.

P　なるほど,そういうわけですか.

問 6.

次の級数の和を求めよ.
$$C = \cos\theta + \cos 2\theta + \cos 3\theta + \cdots\cdots + \cos n\theta$$
$$S = \sin\theta + \sin 2\theta + \sin 3\theta + \cdots\cdots + \sin n\theta$$

P　ここでは,$e^{i\theta} = \cos\theta + i\sin\theta$ を使うのですね.

T　そうです.$C+iS$ を作ってごらんなさい.

P　そうしますと,

$$C+iS = (\cos\theta + i\sin\theta) + (\cos 2\theta + i\sin 2\theta) + \cdots + (\cos n\theta + i\sin n\theta)$$
$$= e^{i\theta} + e^{i2\theta} + \cdots + e^{in\theta} \tag{1}$$

これは初項 $e^{i\theta}$,公比 $e^{i\theta}$ の等比数列の和ですね.ですから,$e^{i\theta} \neq 1$ のとき,

$$C+iS = \frac{e^{i\theta}((e^{i\theta})^n - 1)}{e^{i\theta}-1} = \frac{e^{i\theta}(e^{in\theta}-1)}{e^{i\theta}-1} \tag{2}$$

分母,分子に,$e^{i\theta}-1$ の共役複素数を掛けて,分母から虚数をなくすればよいのですね.

T　それでもよいのですが,一般に

$$e^{i\alpha} = \cos\alpha + i\sin\alpha, \quad e^{-i\alpha} = \cos(-\alpha) + i\sin(-\alpha) = \cos\alpha - i\sin\alpha$$

によって,

$$\cos\alpha = \frac{e^{i\alpha}+e^{-i\alpha}}{2}, \qquad \sin\alpha = \frac{e^{i\alpha}-e^{-i\alpha}}{2i}$$

これを使って，次のようにやってもよいのです．(2) から

$$C+iS=\frac{e^{i\frac{n\theta}{2}}-e^{-i\frac{n\theta}{2}}}{e^{i\frac{\theta}{2}}-e^{-i\frac{\theta}{2}}}e^{i\frac{(n+1)\theta}{2}}=\frac{\sin\frac{n\theta}{2}}{\sin\frac{\theta}{2}}\Big(\cos\frac{n+1}{2}\theta+i\sin\frac{n+1}{2}\theta\Big)$$

これから，$e^{i\theta}\neq1$ のとき，つまり $\theta\neq2k\pi$ (k 整数) のとき，

$$C=\frac{\sin\frac{n\theta}{2}}{\sin\frac{\theta}{2}}\mathrm{con}\frac{n+1}{2}\theta,\quad S=\frac{\sin\frac{n\theta}{2}}{\sin\frac{\theta}{2}}\sin\frac{n+1}{2}\theta$$

また，$e^{i\theta}=1$，つまり $\theta=2k\pi$ のときは，(1) から

$$C=n,\ S=0$$

となります．

P e^{ix} というものは，なかなか便利ですね．これが指数法則を満たすということの他に，この記号の便利な点がありますか．

T それは，次のようです．x が実数のとき，

$$e^x=1+x+\frac{1}{2!}x^2+\cdots+\frac{1}{n!}x^n+\cdots \tag{3}$$

$$\cos x=1-\frac{1}{2!}x^2+\frac{1}{4!}x^4-\cdots+(-1)^{n-1}\frac{1}{(2n)!}x^n+\cdots \tag{4}$$

$$\sin x=x-\frac{1}{3!}x^3+\frac{1}{5!}x^5-\cdots+(-1)^{n-1}\frac{1}{(2n-1)!}x^n+\cdots \tag{5}$$

が成り立つことはふつうの微積分で知られています．

いま，e^{ix} にも (3) と同じようなことが形式的に成り立つとしますと，

$$e^{ix}=1+ix+\frac{1}{2!}(ix)^2+\frac{1}{3!}(ix)^3+\frac{1}{4!}(ix)^4+\frac{1}{5!}(ix)^5+\cdots$$

これを実数部分，虚数部分でまとめますと，

$$e^{ix}=\Big(1-\frac{1}{2!}x^2+\frac{1}{4!}x^4-\cdots\Big)+i\Big(x-\frac{1}{3!}x^3+\frac{1}{5!}x^5-\cdots\Big)$$

となって，(4)(5) を参照しますと $\cos x+i\sin x$ となって話が合います．

P これは，なかなか本質的なことのようですね．

T そうです．しかし，ここでは深入りしないことにします．

[練習問題]

4. 複素数はすべて，$re^{i\theta}(r\geqq0)$ の形に直すことができる．次の複素数について，その形を求めよ．

  (1) $1+i$ (2) i (3) -2 (4) $\sqrt{3}-i$

5. 次のことを証明せよ.

(1) $e^{i\alpha}+e^{i\beta}=\cos\dfrac{\alpha-\beta}{2}\,e^{i\frac{\alpha+\beta}{2}}$ 　　（α,β 実数）

(2) $a=e^{i\alpha}$, $b=e^{i\beta}$, $c=e^{i\gamma}$ のとき, $\dfrac{(b+c)(c+a)(a+b)}{abc}$ は実数

xの関数 e^{ix} をxで微分することを考えよう.

一般に, $u(x)$, $v(x)$ は実数の値をとるふつうの関数で, x について微分可能とする. このとき, 複素数の値をとる関数
$$f(x)=u(x)+iv(x)$$
について, その導関数 $f'(x)$ を,
$$f'(x)=u'(x)+iv'(x) \tag{1}$$
によって定義する. このとき,
$$(e^{ix})'=(\cos x+i\sin x)'=(\cos x)'+i(\sin x)'$$
$$=-\sin x+i\cos x=i(\cos x+i\sin x)$$
となって,
$$(e^{ix})'=ie^{ix}$$
となる.

P　aが実数の場合, $(e^{ax})'=ae^{ax}$ と同じ形の式が成り立つのですね.

T　そうです. これからまた
$$(e^{ix})'=ie^{ix}=e^{i\frac{\pi}{2}}e^{ix}=e^{i(x+\frac{\pi}{2})}$$
これは,
$$(\cos x)'=\cos\left(x+\frac{\pi}{2}\right), \quad (\sin x)'=\sin\left(x+\frac{\pi}{2}\right)$$
ということに当ります.

次に, e^{a+ib} （a,b 実数）を,
$$e^{a+ib}=e^ae^{ib}, \quad \text{つまり} \quad e^a(\cos b+i\sin b)$$
によって定義する. このとき, 次のことが成り立つ.

―― 問 7. ――
λ が複素数の定数のとき, $\dfrac{d}{dx}e^{\lambda x}=\lambda e^{\lambda x}$ であることを示せ.

P 定義に従ってやるだけですね．やってみます．

$\lambda = a + bi$ とおきますと，

$$e^{\lambda x} = e^{(a+bi)x} = e^{ax}e^{ibx} = e^{ax}\cos bx + ie^{ax}\sin bx$$

したがって，

$$\frac{d}{dx}e^{\lambda x} = \frac{d}{dx}(e^{ax}\cos bx) + i\frac{d}{dx}(e^{ax}\sin bx)$$

$$= (ae^{ax}\cos bx - be^{ax}\sin bx) + i(ae^{ax}\sin bx + be^{ax}\cos bx)$$

$$= (a+bi)(e^{ax}\cos bx + ie^{ax}\sin bx) = \lambda e^{\lambda x}$$

たしかに成り立ちます．

T それで結構です．しかし，$f'(x)$ の定義(1)に対して，i を実数の定数とみて，ふつうの実数値をとる関数の場合と全く同じ計算法則が適用されることはいちいち確かめてみればわかります．これを使ってもよいでしょう．

P 計算法則というのは，和差積商の微分法，合成関数の微分法のことですね．

T そうです．それでやってごらんなさい．

P やはり $\lambda = a + bi$ とおいて，

$$\frac{d}{dx}e^{\lambda x} = \frac{d}{dx}(e^{ax}e^{ibx}) = \frac{d}{dx}e^{ax}e^{ibx} + e^{ax}\frac{d}{dx}e^{ibx}$$

$$= ae^{ax}e^{ibx} + e^{ax}ibe^{ibx} = (a+bi)e^{(a+ib)x}$$

となって，結局，

$$\frac{d}{dx}e^{\lambda x} = \lambda e^{\lambda x}$$

が成り立ちます．この方が少し計算がらくです．この公式も応用が広いのでしょうね．

T そうです．次の問題をやって下さい．

[練習問題]

6. λ が2次方程式 $t^2 + at + b = 0$ の解(根)のとき，$y = e^{\lambda x}$ について，

$$\frac{d^2y}{dx^2} + a\frac{dy}{dx} + by = 0$$

であることを示せ．

7. $C = \int e^{ax}\cos bx\, dx$，$S = \int e^{ax}\sin bx\, dx$

のとき，$C + iS$ を求め，これから C, S を求めよ．

12
不　等　式

数学でのいろいろな定理，法則には，等式の形で
とらえられるものが多いが，複雑なものには，不等
式でしか扱えないものもある．また，等式にして
も，証明には不等式を使ってできるものもあって，
不等式の妙味は測り知れない．

　これまで扱ってきたのは，多くが等式であった．ここでは，不等式に
ついていろいろの問題を扱ってみよう．まず，簡単なものから始めてい
く．

―― 問 1. ――
　a,b,c が実数で，絶対値が 1 より小さいとき，
$$abc+2>a+b+c$$
であることを証明せよ．

P　a,b,c と文字が 3 つですから，ちょっと考えにくいですね．

T　2 つの場合を考えてごらんなさい．

P　2 つの文字といいますと，

　　　　a,b が実数で，絶対値が 1 より小さい　　　　　　　　　(1)

ときですね．このとき，ab と $a+b$ についての不等式を考えるわけでしょう．
それでしたら，$1>a$，$1>b$ から $1-a>0$，$1-b>0$ で，

　　　　$(1-a)(1-b)>0$

したがって，

　　　　$ab+1>a+b$　　　　　　　　　　　　　　　　　　　　(2)

$a>-1$，$b>-1$ の方は使っていませんから，(1) は

$$a<1, \quad b<1$$

でよいわけです.

　そこで, a,b,c と3つの場合ですが, どうしたらよいかな.

　(暫く考えて) ああ, わかりました. (2) を使えばよいですね.

(2) で a,b のところへ ab,c をおいて,

$$abc+1>ab+c$$

両辺に1を加え, もう一度 (2) を使うと, $abc+2>a+b+c$.

T それでよいわけですが, (2) の a,b のところへ ab,c とおくのには, $ab<1$, $c<1$ が要ります, $c<1$ の方はよいが,

$$ab<1$$

の方は仮定にはありません.

P そうでした. 軽率でした. ああ, ここで $|a|<1$, $|b|<1$ が要るのですね. これから $|ab|<1$, $ab<1$ となりますが, $a<1$, $b<1$ だけですと $ab<1$ は出ません.

T その通りです. それでは解をまとめて下さい.

P はい.

解　$a<1$, $b<1$ のときは, $1-a>0$, $1-b>0$ だから,
$$ab+1-(a+b)=(1-a)(1-b)>0$$
ゆえに,
$$ab+1>a+b \qquad\qquad (1)$$
つぎに, $|a|<1$, $|b|<1$ によって $|ab|<1$ となり,
$$ab<1$$
また, $c<1$ だから, (1) で a,b の代わりに ab,c をおいて,
$$abc+1>ab+c$$
両辺に1を加え, もう一度 (1) を使って,
$$abc+2>a+b+c$$

P この問題は, 文字の数をもっと増しても成り立つのではありませんか.

T その通りです. どうなるか言ってごらんなさい.

P 「$a_1,a_2,\cdots, a_n$ が実数で, 絶対値が1より小さいとき,

$$a_1a_2\cdots a_n+n-1>a_1+a_2+\cdots+a_n$$

となるのではありませんか.

T そうです. 証明は数学的帰納法ですぐにできます. やっておいて下さい.

[練習問題]

1. a, b, c が 0 と 1 の間の数のとき，次の不等式を証明せよ．

$$(1-a)(1-b)(1-c)>1-(a+b+c)$$

また，n 個の数については，これに当ることはどのようになるか．

┌─ 問 2. ────────────────────────────────────

(1) $a>b$, $x>y$ のとき，$ax+by$ と $bx+ay$ はどちらの方が大き
　　　いか．

(2) $a>b>c$, $x>y>z$ のとき，x, y, z の任意の順列を x', y', z'
　　　として，$ax'+by'+cz'$ の最大となる場合を調べよ．

└──

P　ちょっと形の変った問題ですね．（1）の方はすぐにできます．

$$(ax+by)-(bx+ay)=(ax-bx)-(ay-by)=(a-b)(x-y)>0$$

したがって，

$$ax+by>bx+ay$$

どうやら，これがヒントで（2）をやらそうというのですね．

T　そうです．どう考えますか．

P　x', y', z' が x, y, z の順列というのですから，

$$(x\ y\ z)\quad(x\ z\ y)\quad(y\ x\ z)$$
$$(y\ z\ x)\quad(z\ x\ y)\quad(z\ y\ x)$$

の 6 つが考えられて，$ax'+by'+cz'$ としては次の 6 つです．

$$P_1=ax+by+cz, \quad P_2=ax+bz+cy, \quad P_3=ay+bx+cz$$
$$P_4=ay+bz+cx, \quad P_5=az+bx+cy, \quad P_6=az+by+cx$$

そこで，まず，P_1 と P_2 をくらべますと，

$$P_1-P_2=(by+cz)-(bz+cy)=(by-bz)-(cy-cz)$$
$$=(b-c)(y-z)$$

$b>c, y>z$ ですから，

$$P_1-P_2>0, \quad P_1>P_2 \tag{1}$$

ああ，何のことはない．これが（1）でした．もう計算は要らなかったわけで
す．

T　そうです．ここへ（1）を使うのです．この 6 つの中で，この要領でくらべや
すいのを考えてごらんなさい．

P　P_1 と P_3 では cz が共通で，（1）によって，

$$P_1>P_3 \tag{2}$$

同じようにして，

$$P_1 > P_6$$

次に，P_2 とくらべられるものを考えて，

$$P_2 > P_4, \quad P_2 > P_5 \tag{3}$$

P_3 では，

$$P_3 > P_4, \quad P_3 > P_5 \tag{4}$$

P_4 では，

$$P_4 > P_6$$

P_5 では，

$$P_5 > P_6 \tag{5}$$

(1),(3) によって，

$$P_1 > P_2 > P_4$$

(2),(4),(5) によって，

$$P_1 > P_3 > P_5 > P_6$$

これで，とにかく，

$$P_1 = ax + by + cz$$

が最大ということがわかりました．あまりすっきりした解とはいえませんが．

T　少しも間違いはないし，堅実ですが，もう少し整理できませんか．

P　とにかく，

x, y, z の順列 x', y', z' で大小順になっていないところがあれば，
そうしたほうが $ax' + by' + cz'$ が大きくなる

のではありませんか．

T　その通りです．よくはっきり言えました．こうしたことは漠然とわかっていてもなかなか明言できないものです．それで考えると，たとえば，P_4 はどうなりますか．

P　P_4 では，$x' = y, y' = z, z' = x$ ですから，x' と y' は大小順になっていますが，x' と z', y' と z' はそうなっていません．そこで，となり同志を順に入れかえて，

$$(y \ z \ x) \rightarrow (y \ x \ z) \rightarrow (x \ y \ z)$$

とすればよいわけです．これは $P_4 < P_3 < P_1$ に当ります．

この要領ですと，もっと一般に言えそうですね．

T　そうです．それは次のようです．

「$a_1 > a_2 > \cdots > a_n$, $x_1 > x_2 > \cdots > x_n$ のとき，$x_1, x_2, \cdots, x_n$ の順列を $x_1', x_2', \cdots, x_n'$ とするとき，$n!$ 個の $a_1 x_1' + a_2 x_2' + \cdots + a_n x_n'$ の中で最大のものは $a_1 x_1 + a_2 x_2 + \cdots + a_n x_n$ である」

P　何か応用がありそうですね．もっともらしいことではあるのですが．

Ｔ　n 台の機械があって，効率が $a_1, \cdots, a_n$，n 人の人がいてその能力が $x_1, \cdots,$ x_n とするとき，これらの人を各機械にどのように配置したら能率が最大になるかということになります．もっとも，ここで，効率 a_i の機械に能力 x_j の人がつくと能率は $a_i x_j$ で，全体の能率はこれらの $a_i x_j$ の和としてのことです．

Ｐ　そうしますと，最もよいのが

　　　　　　機械の効率の高い順に，能力の高い順をそろえる

　　場合になりますね．

Ｔ　そういうことです．

━━ 問 3. ━━
　　$a \geqq b \geqq c$，$x \geqq y \geqq z$，$x + y + z = 0$ のとき，
　　　　　　$ax + by + cz \geqq 0$
　　であることを証明せよ．

Ｐ　問 2 とよく似ていますね．前の結果が利用できますか．

Ｔ　ちょっとそうもいかないでしょう．直接に考えてみて下さい．

Ｐ　なかなか手掛りがつかめません．ことに，$x + y + z = 0$ という条件が使いにくいようです．結局，x, y, z の 1 つを消去することでしょうね．

Ｔ　まあそうでしょう．やってごらんなさい．

Ｐ　まず z を消去してみます．

　　　　　$z = -x - y$ として $y \geqq z$ へ代入しますと，$y \geqq -x - y$，

　　　　　　　これから，$y \geqq -\dfrac{x}{2}$．また，仮定によって，$x \geqq y$

　　これで準備ができましたから，やってみます．

解 1.　$x + y + z = 0$ から，

　　　　　$z = -x - y$　　　　　　　　　　　　　　　　　　　(1)

　　これを $y \geqq z$ へ代入して，

　　　　　$y \geqq -x - y$，

　　したがって，

　　　　　$y \geqq -\dfrac{x}{2}$　　　　　　　　　　　　　　　　　(2)

　　また，仮定によって，

　　　　　$x \geqq y$　　　　　　　　　　　　　　　　　　　(3)

　　そこで，(1) を $ax + by + cz$ に代入して，

　　　$ax + by + cz = ax + by - c(x+y) = (a-c)x + (b-c)y$

$b-c \geqq 0$ だから，(2) を使って，

$$ax+by+cz \geqq (a-c)x-(b-c)\frac{x}{2}=\frac{x}{2}(2a-b-c)$$

(2)(3) によると，

$$x \geqq -\frac{x}{2}, \quad \frac{3}{2}x \geqq 0, \quad x \geqq 0$$

また，$2a-b-c=(a-b)+(a-c) \geqq 0$ だから

$$ax+by+cz \geqq 0$$

P なかなか手間がかかりました．

T こんどは y を消去してごらんなさい．

P そうしましょう．

解 2. $x+y+z=0$ から，

$$y=-x-z$$

したがって，

$$ax+by+cz=ax-b(x+z)+cz=(a-b)x-(b-c)z$$

$x \geqq y \geqq z$，$x+y+z=0$ だから $3x \geqq 0$，$0 \geqq 3z$

したがって，

$$x \geqq 0, \quad z \leqq 0$$

また，

$$a-b \geqq 0, \quad b-c \geqq 0$$

だから，

$$ax+by+cz \geqq 0$$

P これは解 1 より簡単ですね．結局，z を消去するよりも y を消去するほうが楽でしたね．ところで，問 1 や問 2 のように，この場合ももっと拡張できるのでしょうか．

T 問 1 や問 2 とくらべて，どう思いますか．

P 証明から考えると，ちょっとわかりません．

T そうですね．これは，

$$a_1 \geqq a_2 \geqq \cdots \geqq a_n, \quad x_1 \geqq x_2 \geqq \cdots \geqq x_n, \quad x_1+x_2+\cdots+x_n=0 \quad \text{のとき，}$$
$$a_1 x_1 + a_2 x_2 + \cdots + a_n x_n \geqq 0$$

となります．これはちょっとあなたには難しいかもしれません．やってみましょ

　　う．$x_1, \cdots, x_n$ の中で，x_k までが正または 0，x_{k+1} 以下が負または 0 として，

$$x_{k+1} = -u_{k+1}, \cdots, \ x_n = -u_n \tag{1}$$

とおきますと，

$$x_1 \geqq x_2 \geqq \cdots \geqq x_k \geqq 0, \ \ 0 \leqq u_{k+1} \leqq u_{k+2} \leqq \cdots \leqq u_n \tag{2}$$

そしてまた，

$$x_1 + \cdots + x_k = u_{k+1} + \cdots + u_n \tag{3}$$

そこで，$a_1 \geqq a_2 \geqq \cdots \geqq a_n$ と (1)(2)(3) によって，

$$a_1 x_1 + \cdots + a_n x_n = a_1 x_1 + \cdots + a_k x_k - a_{k+1} u_{k+1} - \cdots - a_n u_n$$
$$\geqq a_k x_1 + \cdots + a_k x_k - a_{k+1} u_{k+1} - \cdots - a_{k+1} u_n$$
$$= a_k (x_1 + \cdots + x_k) - a_{k+1} (u_{k+1} + \cdots + u_n)$$
$$= (a_k - a_{k+1})(x_1 + \cdots + x_k) \geqq 0$$

これでできました．

P　あざやかですね．ちょっとわたしには出来ません．この考えは，解1や解2 とどう関連しているのですか．

T　解2に比較的近いでしょうが，ちょっとちがいます．この考えで問3を解く と次のようです．それは，$x \geqq 0$, $z \leqq 0$ は解2のようにしてわかりますので，

　　　　　　（A）$y \geqq 0$ のとき　　（B）$y \leqq 0$ のとき

とを区別して考えるのです．

（A）のときは，$z = -u$ とおくと，$u \geqq 0$, $x + y = u$,

$$ax + by + cz = ax + by - cu \geqq bx + by - cu = bu - cu \geqq 0$$

（B）のときは，$y = -u, z = -v$ とおくと $0 \leqq u \leqq v, x = u + v$

$$ax + by + cz = ax - bu - cv \geqq ax - bu - bv = ax - bx \geqq 0$$

こういうことです．

P　なるほど，そうでしたか．

T　この問題を積分へもっていくと，次のようになります．

　$f(x)$, $g(x)$ は区間 $[a,b]$ で連続な増加関数で，

$$\int_a^b g(x)dx = 0$$

のとき，

$$\int_a^b f(x)g(x)dx \geqq 0$$

証明は，上の考えでいくのですが，高校ではやっていない定積分での平均値の 定理というのを使うことになりますから，ここではやめておきます．

　2つの正数 a, b について，

$$\frac{a+b}{2} \geqq \sqrt{ab} \quad (\text{相加平均} \geqq \text{相乗平均})$$

であることは，よく知っている．3つの数の場合を問題にしよう．

┌─── 問 4. ─────────────────────────────

　a, b, c が正数のとき，

$$\frac{a+b+c}{3} \geqq (abc)^{\frac{1}{3}}$$

である．これを証明せよ．
└──────────────────────────────────────

P これは有名な問題です．やったことがあります．それは次のようです．

┌──────────────────────────────────────

解 1. x, y, z が正の数のとき，

$$x^3 + y^3 + z^3 - 3xyz$$
$$= (x+y+z)(x^2+y^2+z^2-xy-xz-yz)$$
$$= \frac{1}{2}(x+y+z)((x-y)^2+(x-z)^2+(y-z)^2) \geqq 0$$

したがって，

$$x^3 + y^3 + z^3 \geqq 3xyz$$

そこで，　$a^{\frac{1}{3}}=x,\ b^{\frac{1}{3}}=y,\ c^{\frac{1}{3}}=z$ とおいて，

$$a+b+c \geqq 3(abc)^{\frac{1}{3}}$$

つまり，

$$\frac{a+b+c}{3} \geqq (abc)^{\frac{1}{3}}$$
└──────────────────────────────────────

T よく覚えていました．次の解も昔から知られています．

┌──────────────────────────────────────

解 2. a, b, c, d が正のとき，

$$\frac{a+b}{2} \geqq \sqrt{ab},\quad \frac{c+d}{2} \geqq \sqrt{cd}$$

したがって，

$$\frac{a+b+c+d}{4} \geqq \frac{1}{2}\left(\frac{a+b}{2}+\frac{c+d}{2}\right)$$
$$\geqq \frac{1}{2}(\sqrt{ab}+\sqrt{cd}) = \sqrt{\sqrt{ab}\,\sqrt{cd}}$$

つまり,

$$\frac{a+b+c+d}{4} \geqq (abcd)^{\frac{1}{4}} \qquad (1)$$

いま, とくに

$$d = \frac{a+b+c}{3}$$

とおくと,

$$\frac{a+b+c+d}{4} = \frac{3d+d}{4} = d$$

したがって (1) は

$$d \geqq (abcd)^{\frac{1}{4}}$$

両辺を 4 乗して d で割ると,

$$d^3 \geqq abc$$

したがって,

$$d \geqq (abc)^{\frac{1}{3}}, \qquad \frac{a+b+c}{3} \geqq (abc)^{\frac{1}{3}}$$

P　4つの数の場合から3つの数の場合を導くとは, 心憎いですね.

T　次の解も面白いでしょう. それは,

　　3つの正数 x,y,z の和が一定 (これを $3k$ とする) のとき,
　　積 xyz の最大となるのは, $x=y=z(=k)$ のときである

ことを示せばよい. これから,

$$xyz \leqq k^3$$

つまり

$$(xyz)^{\frac{1}{3}} \leqq \frac{x+y+z}{3}$$

となるのです.

解 3.　x,y,z が正で, $x+y+z=3k$ とする. このとき,

$$\frac{x+y}{2} \geqq \sqrt{xy}$$

から,

$$xy \leqq \frac{1}{4}(x+y)^2 = \frac{1}{4}(3k-z)^2$$
$$xyz \leqq \frac{1}{4}(3k-z)^2 z \qquad (1)$$

そこで, $f(z)=\dfrac{1}{4}(3k-z)^2z$ とおく. z の変域は $0<z<3k$ で,

$$f'(z)=\frac{1}{4}(-2(3k-z)z+(3k-z)^2)=\frac{3}{4}(k-z)(3k-z)$$

$z<k$ で $f'(z)>0$, $z>k$ で $f'(z)<0$

$f(z)$ は $z=k$ で最大となり, 最大値は $f(k)=k^3$

したがって, (1) から,

$$xyz\leqq k^3$$

P これは, 3つの変数 x,y,z (和は一定) を考えるのに, まず z を定めて考えると, xyz の最大になるのは $x=y$ の場合だということをもとにしてやっているわけですね.

T そうです. なお, これまで, 等号の成り立つ場合は考えてこなかったのですが,

$$\frac{a+b+c}{3}\geqq (abc)^{\frac{1}{3}}\ \text{で, 等号の成り立つのは}\ a=b=c\ \text{の場合}$$

であることは, 容易に確かめられます. やってごらんなさい.

P 解1では, $x=y=z$ の場合ですが, これは $a=b=c$ と同等です. 解2では, ちょっと細心にやらないといけませんね. 等号の場合を終りからたどっていきますと,

$$\frac{a+b+c+d}{4}=(abcd)^{\frac{1}{4}},\quad \frac{a+b+c}{3}=d$$

この前者で等号の成り立つのは,

$$\frac{a+b}{2}=\sqrt{ab},\quad \frac{c+d}{2}=\sqrt{cd},\quad \frac{1}{2}(\sqrt{ab}+\sqrt{cd})=(abcd)^{\frac{1}{4}}$$

のすべてが成り立つときで, これらはそれぞれ

$$a=b,\ c=d,\ ab=cd$$

です. したがって, $a^2=c^2$ となりますが, a,c は正ですから $a=c$, こうして, $a=b=c=d$ の場合ということがわかります.

T よくできました. 解3ではどうですか.

P ここでは, まず,

$$\frac{x+y}{2}=\sqrt{xy}\ \text{となるのは}\ x=y\ \text{の場合}$$

であり, さらに,

$$f(z)=k^3\ \text{となるのは}\ z=k\ \text{の場合,}$$

そして $x+y+z=3k$ ですから，$x=y=k$ です．

ところで先生，ここでは，3つの数 a,b,c についてやっているのですが，もっと一般にいえることでしたね．

T そうです．それは，

n 個の正数 $a_1, a_2, \cdots a_n$ について，

$$\frac{a_1+a_2+\cdots+a_n}{n} \geqq (a_1 a_2 \cdots a_n)^{\frac{1}{n}}$$

である．等号の成り立つのは，$a_1=a_2=\cdots=a_n$ の場合に限る

というのです．

P 証明は難しいのですか．

T 3つの数の場合がすみましたから，もうあとは考えの上では楽です．解1のようにはやれませんが，解2,解3の考えはそのまま通用します．もっとも，数学的帰納法が要りますが．

P 解2の考えですと，どのようになるのでしょうか．

T それは，解2で

$$\frac{a+b}{2} \geqq \sqrt{ab} \quad \text{から，} \quad \frac{a+b+c+d}{4} \geqq (abcd)^{\frac{1}{4}} \quad \text{を導く}$$

ということをやっていますが，この考えで，$k=2^m$ として

$$\frac{a_1+a_2+\cdots+a_k}{k} \geqq (a_1 a_2 \cdots a_k)^{\frac{1}{k}} \tag{1}$$

であることを，m についての数学的帰納法で証明します．

P これはすぐできそうです．これが，$n=2,4,8,16,\cdots$ の場合ができたことになりますね．問3は $n=4$ のときから $n=3$ の場合を導いたのですが，これがどうなるのでしょうか．

T 2^m の形でない自然数 n については，

$$2^{m-1} < n < 2^m$$

となる自然数 m があります．そこで，(1) で $a_1,\cdots,a_n$ はそのままとして，

$$a_{n+1}=a_{n+2}=\cdots=a_k=\frac{a_1+\cdots+a_n}{n} \quad (k=2^m) \tag{2}$$

とおけばよいのです．そうしますと，

$$c=\frac{a_1+\cdots+a_n}{n}$$

とおいて，(1) は

$$\frac{nc+(k-n)c}{k} \geqq (a_1 \cdots a_n c^{k-n})^{\frac{1}{k}}$$

となります．両辺を k 乗して，

215 の箇所...

$$c^k \geqq a_1 \cdots a_n c^{k-n}$$

これから，

$$c^n \geqq a_1 \cdots a_n$$

となってできます.

P なるほど，鮮やかなものですね．結局 (2) が眼目ですね．そこで解 3 のほうはどうですか．

T これは，

> 正数 $x_1, x_2, \cdots, x_n$ の和が一定(nk とする)のとき，積 $x_1 x_2 \cdots x_n$ が最大になるのは $x_1 = x_2 = \cdots = x_n$ の場合に限る

ということを証明するわけです．$n=1$ のときは問題ありません．$n=m-1$ の場合から $n=m$ の場合へ移るには，次のようです．

> $x_1 + x_2 + \cdots + x_{m-1} = (m-1)k$ のとき，$x_1 x_2 \cdots x_{m-1}$ の最大となるのは $x_1 = x_2 = \cdots = x_{m-1} = k$ の場合である

ことがわかっていて，

$$x_1 + x_2 + \cdots + x_{m-1} + x_m = mk$$

の場合を考えるのです．ここで，x_m を固定して考えますと，

$$x_1 + x_2 + \cdots + x_{m-1} = mk - x_m$$

したがって，$x_1 x_2 \cdots x_{m-1}$ の最大となる場合のことから，

$$x_1 x_2 \cdots x_{m-1} \leqq \left(\frac{mk - x_m}{m-1} \right)^{m-1}$$

これから，

$$x_1 x_2 \cdots x_{m-1} x_m \leqq \frac{x_m (mk - x_m)^{m-1}}{(m-1)^{m-1}}$$

そこで，x の関数

$$f(x) = x(mk - x)^{m-1} \quad (0 < x < mk)$$

の最大となる場合を微分法によって求めると，$x=k$ のときであることがわかって，

$$f(x) \leqq f(k) = (m-1)^{m-1} k^m$$

これから，

$$x_1 x_2 \cdots x_m \leqq k^m$$

となるのです.

P 解 3 がしっかりわかっていれば，何とか理解できます.

[練習問題]

2. a, b, c が正の数で $\dfrac{b}{a} + \dfrac{c}{b} + \dfrac{a}{c} = 3$ のとき，$a = b = c$ といってよいか.

3.　表面積が一定の直方体の中で，体積の最も大きいのは何か．

4.　$a_1, a_2, \cdots, a_n$ が正数のとき，次の不等式を証明せよ．

$$(a_1 + a_2 + \cdots + a_n)\left(\frac{1}{a_1} + \frac{1}{a_2} + \cdots + \frac{1}{a_n}\right) \geqq n^2$$

　　これまでにも出てきたように，自然数 n をふくんだ不等式の証明には，数学的帰納法が用いられることが多い．たとえば，

　　　　$h>0$ のとき　　　　$(1+h)^n > nh$

　　　　$n \geqq 5$ のとき　　　　$2^n > n^2$

といったものは，ふつうよく出てくるものである．ここでは，もう少しちがったものを扱ってみよう．

　　問 5.

　　　次の不等式を証明せよ．

$$2\sqrt{n} \geqq \frac{2 \cdot 4 \cdot 6 \cdots (2n)}{1 \cdot 3 \cdot 5 \cdots (2n-1)} > \sqrt{2n+1}$$

P　ちょっと式に圧倒されます．難しそうですね．

T　いや，それ程のことはありません．n が大きい値のとき，

$$\frac{2 \cdot 4 \cdot 6 \cdots (2n)}{1 \cdot 3 \cdot 5 \cdots (2n-1)}$$

という数は，どれくらいの大きさかわからないのが，この不等式で見当がつくというわけで，ちょっとおもしろいのです．

P　問題は 2 題が 1 つになっているのですね．まず前の方をやってみます．

解　　　　$2\sqrt{n} \geqq \dfrac{2 \cdot 4 \cdot 6 \cdots (2n)}{1 \cdot 3 \cdot 5 \cdots (2n-1)}$

を数学的帰納法で証明する．

まず，$n=1$ のときは，左辺 $=2$，右辺 $=\dfrac{2}{1}=2$ で正しい．

$n=k$ のとき正しいとすると，

$$2\sqrt{k} \geqq \frac{2 \cdot 4 \cdot 6 \cdots (2k)}{1 \cdot 3 \cdot 5 \cdots (2k-1)} \tag{1}$$

両辺に $\dfrac{2k+2}{2k+1}$ を掛けると，

$$2\sqrt{k}\;\frac{2k+2}{2k+1}\geqq\frac{2\cdot4\cdot6\cdots(2k)(2k+2)}{1\cdot3\cdot5\cdots(2k-1)(2k+1)} \tag{2}$$

そこで，

$$2\sqrt{k+1}\geqq2\sqrt{k}\;\frac{2k+2}{2k+1} \tag{3}$$

であることは，次のようにしてわかる．正の数ばかりであるから，2乗してくらべればよい．両辺を2乗して引くと，

$$4(k+1)-4k\left(\frac{2k+2}{2k+1}\right)^2=\frac{4(k+1)}{(2k+1)^2}((2k+1)^2-4k(k+1))$$
$$=\frac{4(k+1)}{(2k+1)^2}>0$$

(2) と (3) から，

$$2\sqrt{k+1}\geqq\frac{2\cdot4\cdot6\cdots(2k+2)}{1\cdot3\cdot5\cdots(2k+1)}$$

これは，(1) で $n=k+1$ の場合である．

P $$\frac{2\cdot4\cdot6\cdots(2n)}{1\cdot3\cdot5\cdots(2n-1)}>\sqrt{2n+1}$$

の方も同じように行きそうですね．

T そうです．$n=k$ から $n=k+1$ へ移るところが問題ですが，そこはどうなりますか．

P 上の解のやり方に従いますと，

$$\frac{2k+2}{2k+1}\sqrt{2k+1}>\sqrt{2k+3}$$

を証明すればよいことになります．平方して引くと，

$$\left(\frac{2k+2}{2k+1}\right)^2(2k+1)-(2k+3)=\frac{1}{2k+1}>0$$

となります．この方が解の場合より楽です．

[練習問題]

5. a,b が正数で，n が自然数のとき，次の不等式を証明せよ．

$$\frac{a^n+b^n}{2}\geqq\left(\frac{a+b}{2}\right)^n$$

6. n が4より大きい自然数のとき，$2^n>n^2$ であることを証明せよ．

7. n が2より大きい自然数のとき，$n^{\frac{1}{n}}>(n+1)^{\frac{1}{n+1}}$ であることを証明せよ．

　問 4 の解でも示したように，不等式の証明に関数の増減を考えること
も多い．ここでは微分法が利用できる．

～～～ 問 6. ～～～～～～～～～～～～～～～～～～～～～～～～～～～～～
　　a, b, α, β は正数で，$\alpha + \beta = 1$ のとき，
　　　　　　　$a\alpha + b\beta \geqq a^{\alpha}b^{\beta}$
　であることを証明せよ．
～～～～～～～～～～～～～～～～～～～～～～～～～～～～～～～～～～～～

P　これは難しそうですね．見当がつきませんが．

T　そうですね．文字が 4 つ（実質的には 3 つ）もありますからね．どれか 1 つ
を変数とみてごらんなさい．

P　そうなると，本質的には，

　　　　　　a を変数とみる　　　　α を変数とみる

という 2 つの場合が考えられます．まずはじめの方でやってみます．

┌───┐
│ **解**　$f(x) = x\alpha + b\beta - x^{\alpha}b^{\beta}$ とおくと，$\beta = 1 - \alpha$ をも使って，
│
│ 　　　$f'(x) = \alpha - \alpha x^{\alpha-1} b^{\beta} = \alpha(1 - x^{-\beta}b^{\beta}) = \alpha\left(1 - \left(\dfrac{b}{x}\right)^{\beta}\right)$
│
│ 　$f'(x)$ の符号によって $f(x)$ の増減を調べると，$\alpha > 0$，$\beta > 0$ と
│ 　　　　$f(b) = b(\alpha + \beta) - b^{\alpha+\beta} = b - b = 0$
│ によって，右のようになる．
│ 　したがって，$x > 0$ のときつねに
│ 　　　$f(x) = x\alpha + b\beta - x^{\alpha}b^{\beta} \geqq 0$
│ となる．つまり，
│ 　　　$a\alpha + b\beta \geqq a^{\alpha}b^{\beta}$

x	0		b	
$f'(x)$		↘		↗
$f(x)$		−	0	+

└───┘

P　案外らくにできました．

T　それは，あなたが無駄なくやっているということもあります．ただ 1 つ

　　　　$\dfrac{d}{dx}x^{\alpha} = \alpha x^{\alpha-1}$

ということを使っていますが，だいじょうぶですか．α は正の実数なの です
よ．

P　それはうっかりしていました．わたしたちの学んだのは α が有理数のときで
した．無理数のときもよいのでしょうか．$(x^{\sqrt{2}})' = \sqrt{2}\,x^{\sqrt{2}-1}$ というように．

T　実は，その場合もよいのです．ただ，証明には，

$$x = e^{\log x} \quad \text{したがって} \quad x^\alpha = e^{\alpha \log x}$$

と考えるのです．験してごらんなさい．

P やってみます．

$$(x^\alpha)' = (e^{\alpha \log x})' = e^{\alpha \log x}(\alpha \log x)' = x^\alpha \alpha x^{-1} = \alpha x^{\alpha-1}$$

確かに成り立ちます．

ところではじめに戻って「α を変数とみる」場合をやります．

T いや，実はそれでやりますと，出来ないことはありませんが，かなり厄介です．また，おひまの節，検討してごらんなさい．

ところで，この問題で，$\alpha = \beta = \dfrac{1}{2}$ とおくと，$\dfrac{1}{2}(a+b) \geqq (ab)^{\frac{1}{2}}$ になりますよ．α, β が有理数の場合を考えてごらんなさい．

P なるほどそうですか．$\alpha + \beta = 1$ で α, β が有理数というのですから，

$$\alpha = \frac{m}{m+n}, \quad \beta = \frac{n}{m+n} \quad (m, n \text{ 自然数})$$

とおきますと，$a\alpha + b\beta \geqq a^\alpha b^\beta$ は，

$$\frac{ma+nb}{m+n} \geqq (a^m b^n)^{\frac{1}{m+n}} \tag{1}$$

となります．

T これで何か気がつきませんか．

P （暫く考えて）ああ，わかりました．m 個の a と n 個の b についての相加平均と相乗平均の大小になるのですね．そういうことでしたか．しかし，α, β が無理数のときは，そうはいかないわけですね．

T そうです．(1) から極限の考えを使って導くことはできますが，これには，関数の連続性が要ります．

問 7.

$x \neq 0$ のとき，$\cos x > 1 - \dfrac{x^2}{2}$ であることを証明せよ．

P これはやさしそうです．

$$f(x) = \cos x - \left(1 - \frac{x^2}{2}\right)$$

とおきますと，

$$f'(x) = -\sin x + x$$

ここで，

$$x > 0 \text{ のとき, } x > \sin x$$

ですから，

$$x>0 \text{ では } f'(x)>0$$

だから $f(x)$ は $x>0$ で増加関数で，しかも $f(0)=0$ ですから，

$$x>0 \text{ のとき } f(x)>0, \text{ つまり } \cos x>1-\frac{x^2}{2}$$

　次に $x<0$ の場合を考えます．これは，

$$x<0 \text{ のとき，} x<\sin x$$

によって，

$$x<0 \text{ では } f'(x)<0$$

したがって $f(x)$ は $x<0$ で減少関数で，しかも $f(0)=0$ だから

$$x<0 \text{ のとき } f(x)>0, \text{ つまり } \cos x>1-\frac{x^2}{2}$$

T　それで結構ですが，実は $f(x)$ は偶関数ですから$x<0$の場合のことは要らなかったのです．

P　なるほど，そうでした．

T　ところで，あなたがここで使っているのは，

$$x>0 \text{ で } f'(x)>0, f(0)=0 \text{ ならば } f(x)>0$$

ということですが，これは，

$$f(x) \text{ が } x \geqq 0 \text{ で連続}$$

ということも使っていえることです．もちろん，いちいちこれをやかましくいう必要はないかもしれませんがね．とにかく，解をまとめて下さい．

P　そうします．

解 1. $f(x)=\cos x-\left(1-\dfrac{x^2}{2}\right)$ とおくと，これは偶関数であるから，

$$x>0 \text{ で } f(x)>0$$

であることを証明すればよい．

いま，$x>0$ では，$x>\sin x$ だから，

$$f'(x)=-\sin x+x>0$$

しかも $f(x)$ は $x \geqq 0$ で連続であるから，この変域で増加関数である．そして，$f(0)=0$ だから，

$$x>0 \text{ で } f(x)>0$$

T　ところで，

$$x>0 \text{ では } x>\sin x \tag{1}$$

というのはなぜでしたか．ちょっと復習して下さい．

P $|\sin x| \leqq 1$ ですから，$x \geqq \dfrac{\pi}{2} = 1.5\cdots$ のときは，大丈夫です．$0 < x < \dfrac{\pi}{2}$ のときは，半径 1，中心角 $2x$ の円弧の長さと弦の長さ $2\sin x$ の比較から

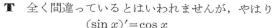

$$2x > 2\sin x$$

これでわかります．

ところで，$g(x) = x - \sin x$ とおいて $g'(x) = 1 - \cos x \geqq 0$，$g(0) = 0$ から考えるのはどうでしょうか．

T 全く間違っているとはいわれませんが，やはり

$$(\sin x)' = \cos x$$

ということの証明には，'ふつう'

$$\lim_{x \to 0} \frac{\sin x}{x} = 1$$

が使われ，またその証明に'ふつう'(1) が使われることからいうと感心しません．そうすると循環論法になります．

ところで，こうした (1) からいうと，次の証明も考えられるのです．

解 2. $\quad 1 - \cos x = 2\sin^2 \dfrac{x}{2}$

$x \neq 0$ のとき，$\left| \sin \dfrac{x}{2} \right| < \left| \dfrac{x}{2} \right|$ だから $\sin^2 \dfrac{x}{2} < \left(\dfrac{x}{2} \right)^2$

したがって，

$$1 - \cos x < 2\left(\frac{x}{2} \right)^2 = \frac{x^2}{2}$$

だから

$$\cos x > 1 - \frac{x^2}{2}$$

P これはまた何とも鮮やかなものですね．

T こうした解もたいせつです．

[練習問題]

8. $1 > a > 0$，n が自然数のとき，$(1-a)^n \geqq 1 - na$ であることを証明せよ．

9. $x > 0$ では次の不等式の成り立つことを証明せよ．

$$x - \frac{x^2}{2} < \log(1+x) < x$$

10. $\dfrac{\pi}{2}>x>0$ のとき，$\sin x>\dfrac{2}{\pi}x$ であることを証明せよ．

　　自然数を変数にもつ関数の増減にも，変域を実数にひろげて微分法を使って調べるのがよいこともある．たとえば，178ページでも述べたように，

$$f(x)=x^{\frac{1}{x}} \text{ は } x>e \text{ で減少関数である}$$

ことから，

$$3^{\frac{1}{3}}>4^{\frac{1}{4}}>\cdots>n^{\frac{1}{n}}>(n+1)^{\frac{1}{n+1}}>\cdots$$

が導かれる．

　　もっと別の例を問題にしよう．

── 問 8. ──

　　一定の円に内接する正 n 角形の面積は，n の値が増加する につれて増していくことを証明せよ．

P　これは当り前ではありませんか．

T　そうもいえません．

　　　　　　正三角形，正六角形，正十二角形，…

というような辺数が 2 倍になっていく系列なら明らかですが，すでに，

　　　　　　正三角形と正四角形（正方形）

でも，明らかとはいえません．

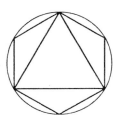

P　なるほど，そうでした．うっかりしていました．やってみます．

　　半径 r の円に内接する正 n 角形の面積は，

$$n\times\dfrac{1}{2}r^2\sin\dfrac{2\pi}{n}$$

ですから，$\dfrac{1}{2}r^2$ は省いて n を x として関数 $x\sin\dfrac{2\pi}{x}$ を考えればよいの ですね．

T　それでもよいのですが，$x=\dfrac{2\pi}{n}$ としたほうが計算が楽です．

解 半径 r の円に内接する正 n 角形の面積を S_n とすれば,

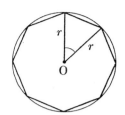

$$S_n = n \cdot \frac{1}{2} r^2 \sin \frac{2\pi}{n}$$

$x = \dfrac{2\pi}{n}$ とおけば,

$$S_n = \pi r^2 \frac{\sin x}{x}$$

そこで, $\pi > x > 0$ を変域とする関数
$f(x) = \dfrac{\sin x}{x}$ を考えると,

$$f'(x) = \frac{x \cos x - \sin x}{x^2} = \frac{\cos x}{x^2}(x - \tan x)$$

$0 < x < \dfrac{\pi}{2}$ では $\cos x > 0$, $x < \tan x$ だから $f'(x) < 0$

$\dfrac{\pi}{2} \leqq x < \pi$ では $\cos x \leqq 0$, $\sin x > 0$ だから $f'(x) < 0$

いずれにしても $f'(x) < 0$ で $f(x)$ は減少関数である.

$x = \dfrac{2\pi}{n}$ で $n = 3, 4, \cdots$ とおくと, $x = \dfrac{2\pi}{3}, \dfrac{2\pi}{4}, \dfrac{2\pi}{5}, \cdots$

で n が増すにつれて x は減少する. したがって $f(x)$ の値は増していくことになる.

つまり, n の値が増していくと, S_n の値も増していく.

P こうして, $\lim_{n \to \infty} S_n = \pi r^2$ (円の面積) となるのですね.

T そうです.

[練習問題]

11. 半径一定の円に内接する正 n 角形の周は, n の値とともに増していく. これを証明せよ.

12. 問 8 を外接正 n 角形について確かめよ.

不等式の証明に積分(面積)が使われることもある.

問 9.

次の不等式を証明せよ.
$$\log(n+1)<1+\frac{1}{2}+\frac{1}{3}+\cdots+\frac{1}{n}<1+\log n$$

P これは習ったことがあります. $y=\frac{1}{x}$ のグラフを使うのです. やってみます.

解 $y=\frac{1}{x}$ のグラフをかき, 区間 $[1,n]$ を $n-1$ 等分して, 各小区間を底辺とし, 高さがそれぞれ $\frac{1}{2},\frac{1}{3},\cdots,\frac{1}{n}$ の長方形を作れば, それらの面積の総和は

$$\frac{1}{2}+\frac{1}{3}+\cdots+\frac{1}{n}$$

で, これは,

$$\int_1^n \frac{dx}{x}=\Big[\log x\Big]_1^n=\log n$$

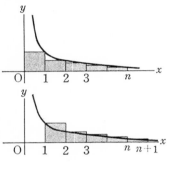

より小さい. したがって,

$$1+\frac{1}{2}+\frac{1}{3}+\cdots+\frac{1}{n}<1+\log n$$

また, 区間 $[1,n+1]$ を n 等分して各小区間を底辺として, 高さがそれぞれ, $1,\frac{1}{2},\cdots,\frac{1}{n}$ の長方形を作れば, それらの面積の総和は,

$$\int_1^{n+1}\frac{dx}{x}=\Big[\log x\Big]_1^{n+1}=\log(n+1)$$

より大きい. したがって,

$$1+\frac{1}{2}+\frac{1}{3}+\cdots+\frac{1}{n}>\log(n+1)$$

P これから, 無限級数 $1+\frac{1}{2}+\frac{1}{3}+\cdots+\frac{1}{n}+\cdots$ が発散することがわかりますね.

T そうです. しかも $S_n=1+\frac{1}{2}+\frac{1}{3}+\cdots+\frac{1}{n}$ とおきますと,

$$\log(n+1)<S_n<1+\log n$$

ですから，たとえば $n=1000$ とすると，

$$\log 1001<S_{1000}<1+3\log 10$$

それで S_{1000} は大体 $3\log 10$ の程度の大きさです．実は，

$$\log 10=\log_e 10\fallingdotseq 2.30$$

であることがわかっていますから，S_{1000} がおよそ 7 くらいの大きさです．そして，$n=10000$ としても，

$$\log 10001<S_{10000}<1+4\log 10$$

で，これでも S_{10000} が 10 くらいです．

P もし，数値だけで考えていくと，$1+\dfrac{1}{2}+\dfrac{1}{3}+\cdots$ が収束するのではないかと思うかもしれませんね．

T そうです．この辺が理論の有難さでしょう．

[練習問題]

13．次の不等式を証明せよ．

$$\frac{2}{3}n\sqrt{n}<\sqrt{1}+\sqrt{2}+\sqrt{3}+\cdots+\sqrt{n}<\frac{2}{3}(n+1)\sqrt{n+1}$$

有限個の数についての不等式から，積分についての不等式を導くこともある．

― 問 10. ―
次の不等式を証明せよ．
(1) $(a_1{}^2+a_2{}^2+\cdots+a_n{}^2)(b_1{}^2+b_2{}^2+\cdots+b_n{}^2)$
   $\geqq(a_1b_1+a_2b_2+\cdots+a_nb_n)^2$
(2) $a<b$ のとき，
$$\left(\int_a^b f(x)^2\,dx\right)\left(\int_a^b g(x)^2\,dx\right)\geqq\left(\int_a^b f(x)\,g(x)\,dx\right)^2$$

P (1) の方は $n=3$ の場合をやったことがあります．
$$(a_1{}^2+a_2{}^2+a_3{}^2)(b_1{}^2+b_2{}^2+b_3{}^2)-(a_1b_1+a_2b_2+a_3b_3)^2$$
$$=(a_1{}^2b_2{}^2+a_2{}^2b_1{}^2-2a_1b_1a_2b_2)+(a_1{}^2b_3{}^2+a_3{}^2b_1{}^2-2a_1b_1a_3b_3)$$
$$+(a_2{}^2b_3{}^2+a_3{}^2b_2{}^2-2a_2b_2a_3b_3)$$
$$=(a_1b_2-a_2b_1)^2+(a_1b_3-a_3b_1)^2+(a_2b_3-a_3b_2)^2\geqq0 \qquad\text{(A)}$$
ということでした．

T それで結構です．この考えで一般の n の場合も全く同じようにできます．あ

とからやって下さい．ところで，等号の成り立つ場合を調べておいて下さい．

P　(A) で等号が成り立つわけですから，

$$a_1b_2 - a_2b_1 = 0, \quad a_1b_3 - a_3b_1 = 0, \quad a_2b_3 - a_3b_2 = 0$$

の場合です．この条件は，a_1, a_2, a_3 の中に 0 がなければ，

$$\frac{b_1}{a_1} = \frac{b_2}{a_2} = \frac{b_3}{a_3} \tag{B}$$

と書けます．

T　このような式は，連比例式というのですが，

$$a_1, a_2, a_3 \text{ がすべて } 0$$

という場合を除いては，分母に 0 がある場合も考えるのが ふつうです．それ
は，たとえば，

$$a_1 = 0 \text{ のときは，} b_1 = 0$$

と約束しておけばよいのです．そうしますと，

$$(a_1, a_2, a_3) \neq (0, 0, 0) \text{ という条件の下では}$$

$$\frac{b_1}{a_1} = \frac{b_2}{a_2} = \frac{b_3}{a_3} \Longleftrightarrow b_1 = a_1 k, \ b_2 = a_2 k_1, \ b_3 = a_3 k \text{ となる } k \text{ がある}$$

ということがいえます．一度確かめておいて下さい．

P　そういえば，空間で点 (a, b, c) を通り，方向が (l, m, n) で表わされる直線
の方程式は，

$$\frac{x-a}{l} = \frac{y-b}{m} = \frac{z-c}{n}$$

であるというときは，l, m, n の中に 0 のある場合も考えますね．たとえば，

$$\frac{x-2}{3} = \frac{y-3}{4} = \frac{z-5}{0}$$

というのは，

$$\frac{x-2}{3} = \frac{y-3}{3}, \quad z = 5$$

のことですから．

T　こうした意味で，(A) で等号の成り立つのは，

$$a_1 = 0, \ a_2 = 0, \ a_3 = 0 \quad \text{または} \quad \frac{b_1}{a_1} = \frac{b_2}{a_2} = \frac{b_3}{a_3}$$

の場合であるといってよいのです．

話が横へそれましたが，(1) の別解で次のようなのもあります．

解 $a_1, a_2, \cdots, a_n$ がすべて 0 のときは，むろん成り立つ．

$a_1, a_2, \cdots, a_n$ の中に 0 でないものがあるとき，

$$f(t) = (a_1 t + b_1)^2 + (a_2 t + b_2)^2 + \cdots + (a_n t + b_n)^2 \qquad \text{(i)}$$

とおき，さらに，

$$A = a_1^2 + a_2^2 + \cdots + a_n^2, \quad B = b_1^2 + b_2^2 + \cdots + b_n^2,$$
$$C = a_1 b_1 + a_2 b_2 + \cdots + a_n b_n$$

とおくと，

$$f(t) = A t^2 + 2Ct + B \qquad (A \neq 0)$$

となって，これは t の 2 次式である．そして，(i) からわかるように，

　　任意の t に対して $f(t) \geqq 0$

だから，

$$AB - C^2 \geqq 0, \quad \text{つまり} \quad AB \geqq C^2$$

P 2 次式の判別式の性質を使ったわけですね．これはまた，あざやかなものですね．

T そこで (2) へ移りましょう．これは，この解と全く同じ考えでできます．

P そうですか．

$$f(t) = \int_a^b (t f(x) + g(x))^2 \, dx$$
$$= t^2 \int_a^b f(x)^2 \, dx + 2t \int_a^b f(x) g(x) \, dx + \int_a^b g(x)^2 \, dx$$

これは負になりませんから，これから (2) が出ますね．

T そうです．ところで，(1) の不等式からも導かれます．それを考えて下さい．

P 当然，定積分の定義を使うのですね．一般に，区間 $[a, b]$ を n 等分した点を順に $x_1, x_2, \cdots, x_{n-1}$ とし，$a = x_0, b = x_n$ とおくと，

$$\int_a^b f(x) \, dx = \lim_{n \to \infty} \frac{b-a}{n} (f(x_0) + f(x_1) + \cdots + (x_{n-1}))$$
$$= \lim_{n \to \infty} \frac{b-a}{n} (f(x_1) + f(x_2) + \cdots + f(x_n))$$

というのが定積分の基本でした．

T そうです．それをもとにして考えて下さい．ここまでくると，和には $\sum$ という記号を使うのがよいでしょう．

P (1) の不等式で,
$$a_i = f(x_i), \quad b_i = g(x_i) \quad (i = 1, 2, \cdots, n)$$
とおきますと,
$$\left(\sum_{i=1}^{n} f(x_i)^2\right)\left(\sum_{i=1}^{n} g(x_i)^2\right) \geqq \left(\sum_{i=1}^{n} f(x_i)g(x_i)\right)^2$$

そして,
$$\int_a^b f(x)^2\, dx = \lim_{n \to \infty} \frac{b-a}{n} \sum_{i=1}^{n} f(x_i)^2, \quad \int_a^b g(x)^2\, dx = \lim_{n \to \infty} \frac{b-a}{n} \sum_{i=1}^{n} g(x_i)^2$$

$$\int_a^b f(x)\, g(x)\, dx = \lim_{n \to \infty} \frac{b-a}{n} \sum_{i=1}^{n} f(x_i)g(x_i)$$

によって,
$$\left(\int_a^b f(x)^2\, dx\right)\left(\int_a^b g(x)^2\, dx\right) \geqq \left(\int_a^b f(x)\, g(x)\, dx\right)^2$$

となります.

[練習問題]

14. 次の不等式が成り立つことを証明せよ.

(1) $\sqrt{a_1^2 + a_2^2 + \cdots + a_n^2} + \sqrt{b_1^2 + b_2^2 + \cdots + b_n^2}$
$$\geqq \sqrt{(a_1+b_1)^2 + (a_2+b_2)^2 + \cdots + (a_n+b_n)^2}$$

(2) $a < b$ のとき,
$$\left(\int_a^b f(x)^2\, dx\right)^{\frac{1}{2}} + \left(\int_a^b g(x)^2\, dx\right)^{\frac{1}{2}} \geqq \left(\int_a^b (f(x)+g(x))^2\, dx\right)^{\frac{1}{2}}$$

練習問題の 答 と ヒ ン ト

1. 「または」と「および」

1. (1) $abcd=0$ など.
 (2) $(a^2+b^2)(a^2+c^2)(a^2+d^2)(b^2+c^2)(b^2+d^2)(c^2+d^2)=0$ など.
 (3) $(a^2+b^2+c^2)(a^2+b^2+d^2)(a^2+c^2+d^2)(b^2+c^2+d^2)=0$ など.
 (4) $a^2+b^2+c^2+d^2=0$ など.

2. $a^2-ab+b^2=\left(a-\dfrac{1}{2}b\right)^2+\dfrac{3}{4}b^2$ による.

3. (1) $a=b=c$, 左辺を2倍したものが $(a-b)^2+(b-c)^2+(c-a)^2$ となる.
 (2) $a=0,\ b=0,\ c=0$, 左辺を2倍したものが $(a+b)^2+(b+c)^2+(c+a)^2$.

4. $x+y+z=a,\ x\geqq y\geqq z$ とすると, $3x\geqq a$ となり, $x\geqq \dfrac{a}{3}$

5. 3つの角を $\alpha,\beta,\gamma,\alpha>\beta>\gamma$ とすると, $3\alpha>180°,3\gamma<180°$.
 $\alpha=\beta>\gamma,\ \alpha>\beta=\gamma$ でも同様である.

6. $(a+b+c)+\left(\dfrac{1}{a}+\dfrac{1}{b}+\dfrac{1}{c}\right)=\left(a+\dfrac{1}{a}\right)+\left(b+\dfrac{1}{b}\right)+\left(c+\dfrac{1}{c}\right)\geqq2+2+2=6$ による. $(a+b+c)\left(\dfrac{1}{a}+\dfrac{1}{b}+\dfrac{1}{c}\right)\geqq3(abc)^{\frac{1}{3}}\cdot3\left(\dfrac{1}{abc}\right)^{\frac{1}{3}}=9$ によってもよい.

7. 同値でない. (1)→(2) はいえるが, 逆はいえない. 反例は, たとえば $a=3,\ b=\dfrac{1}{2}$.

8. (1)　　　　　　(2)　　　　9.

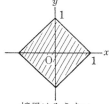

境界をふくむ　　　境界は入らない　　　境界は入らない

10. 直線 $3x+4y=k$ が円 $x^2+y^2=1$ と共通点をもつのは $|k|\leqq5$ のときである.
11. 正しくない.「二等分線の両方を合せたもの」である.
12. (1) 正しくない. $|x|>a$ ならばよい. (2) 正しい.
13. p,q,r が $0,1$ のあらゆる組合せをとる場合（8つの場合）について確かめてみよ.
14. 集合についての同じような式が成り立つことになる.

2.　いろいろな数え方

1. $1+8+16+\cdots+8n=(2n+1)^2$

2. 一般に，$A=\sum_{i=1}^{n}a_i,\ B=\sum_{j=1}^{n}b_j$ について，

a_ib_j を右のようにならべて，その和を考えると，

a_1b_1	a_1b_2	$\cdots\cdots$	a_1b_n
a_2b_1	a_2b_2	$\cdots\cdots$	a_2b_n
$\cdots\cdots\cdots\cdots$			
a_nb_1	a_nb_2	$\cdots\cdots\cdots$	a_nb_n

$$AB=\sum_{r=1}^{n}\Big(b_r\sum_{i=1}^{r}a_i+a_r\sum_{i=1}^{r}b_i-a_rb_r\Big)$$

という式が得られる．この式で，

(1) $a_i=i,\quad b_j=j^2$

(2) $a_i=i^2,\quad b_j=j^2$

を考えればよい．

3. r 人を選んでその長をきめる方法から左辺，まず長を選びそれから残りの人を選ぶ方法を考えると右辺になる．

4. $(1+x)^n$ の展開式を2つ考えて掛け，x^{n+1} の係数を見ればよい．

5. $(a+b+c+d+e)^4$

項の型	同型の項の数	係　数	前の2つの積
a^4	5	1	5
a^3b	20	4	80
a^2b^2	10	6	60
a^2bc	30	12	360
$abcd$	5	24	120
計	70		625

$_5H_4=70,\qquad 5^4=625$

$(a+b+c)^6$

項の型	同型の項の数	係　数	前の2つの積
a^6	3	1	3
a^5b	6	6	36
a^4b^2	6	15	90
a^4bc	3	30	90
a^3b^3	3	20	60
a^3b^2c	6	60	360
$a^2b^2c^2$	1	90	90
計	28		729

$_3H_6=28,\qquad 3^6=729$

6. (1) $\dfrac{n}{m}\ \dfrac{n-1}{m-1}+\dfrac{m-n}{m}\ \dfrac{n}{m-1}=\dfrac{n}{m}$

(2) 特定の当りくじをひく確率は

$$\dfrac{m-1}{m}\ \dfrac{1}{m-1}=\dfrac{1}{m}\qquad 求める確率は$$

$$\dfrac{1}{m}+\dfrac{1}{m}+\cdots+\dfrac{1}{m}=\dfrac{n}{m}$$

(1)の方法は，右の図の $A+B$，(2)の方法はまず各列について考え，これを加えるのに当る．

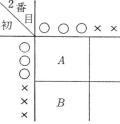

7. 1の目の出る確率 $\dfrac{1}{6}$ を p とおいて考える．

(1) $\displaystyle\sum_{n=1}^{\infty}np_n=\sum_{n=1}^{\infty}n(1-p)^{n-1}p=\dfrac{1}{(1-(1-p))^2}p=\dfrac{1}{p}=6.$

ここでは，$\displaystyle\sum_{n=1}^{\infty}nx^{n-1}=\dfrac{1}{(1-x)^2}$　$(|x|<1)$ を使っている．

(2) n 回目を振る確率は $(1-p)^{n-1}$ だから，求める値は，

$$\sum_{n=1}^{\infty}(1-p)^{n-1}=\frac{1}{1-(1-p)}=\frac{1}{p}=6$$

(1)(2)の計算は，右のよ
うな数の和の2つの計算法
になっている．つまり，
(1)では，はじめに縦に加
え，それを横に加えていることに当り，(2)でははじめに横に加え，それを
縦に加えたことに当る．

$$p+(1-p)p+(1-p)p^2+(1-p)p^3+\cdots\cdots$$
$$+(1-p)p+(1-p)p^2+(1-p)p^3+\cdots\cdots$$
$$+(1-p)p^2+(1-p)p^3+\cdots\cdots$$
$$+\cdots\cdots$$

3. いろいろな測り方

1. OX, OY が l と交わる点を，それぞれ，P, Q とするとき，△OPQ の面積を
最小にするのには，線分 PQ の長さを最小にすればよい．P, Q の中点を M と
すると，PQ=2OM で，OM の最小になるのは，OP=OQ のときである．

2. 四角形を PQRS とするとき，P, R をきめてお
くと Q, S を円弧 PR の中点 Q′, S′ にすると面積
は大きくなる．Q′S′ は直径だから，P, R を円弧
Q′S′ の中点にとると，面積はさらに大きくなる．
このとき P′Q′R′S′ は正方形．

3. この三角形の面積は，$\frac{1}{2}\sin 2\theta$ とも $\sin\theta\cos\theta$
ともなる．

4. 求める垂線の長さを h とすると，この三角形の
面積は，$\frac{1}{2}ab$ とも，$\frac{1}{2}\sqrt{a^2+b^2}h$ ともなることか
ら，$h=ab/\sqrt{a^2+b^2}$

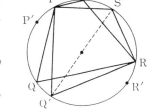

5. AB=c, AC=b, AD=d とおくと，△ABD=$\frac{1}{2}cd\sin\alpha$, △ADC=
$\frac{1}{2}bd\sin\beta$. △ABD/△ADC を2通りの方法で考えよ．

6. 四面体 ABCP, ABDP の体積の比を考えよ．

7. P, Q から平面 ABC へいたる垂線の長さが等しいから，PQ∥平面 ABC
または線分 PQ がこの平面で二等分される．

8. 等しい面積から等しい面積を引いた残りは等しい．

9. OA=a, OB=b, OC=c とおくと，
$$\frac{1}{2}ac\sin\alpha+\frac{1}{2}bc\sin\beta=\frac{1}{2}ab\sin(\alpha+\beta) \text{ から，} \frac{\sin\alpha}{b}+\frac{\sin\beta}{a}=\frac{\sin(\alpha+\beta)}{c}$$

10. この四面体の4つの面積は等しい．4つの面の面積を a, b, c, d，これらへ
の垂線の長さを x, y, z, u とすると，$ax+by+cz+du=3V$（V はこの四面体
の体積），$x+y+z+u=k$（一定）から，u を消去して $(a-d)x+(b-d)y+$
$(c-d)z=3V-kd$. x, y, z は任意だから，$a-d=0$, $b-d=0$, $c-d=0$

11. 4つの四面体 OPBC, OPCA, OPAB の体積の和が四面体 OABC の体積
に等しいから，$\frac{1}{6}bcx+\frac{1}{6}cay+\frac{1}{6}abz=\frac{1}{6}abc$.

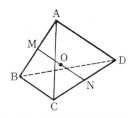

12. まず，点 O の作り方から，O は重心．つぎに，
△CAB≡△DBA によって CM=DM だから
MN⊥CD，また N は CD の中点だから OC=OD，
同様に OA=OB，また，O は BC，AD の中点を
結ぶ線分の中点にもなっているから，OB=OC．
したがって O は 4 頂点から等距離にあって外心と
なる．

　　（四面体 OBCD の体積×4）＝（四面体 MBCD の体積×2）＝（四面体 ABCD の
体積）．このようなことから，4 つの四面体 OBCD, OACD, OABD, OABC の体
積はすべて等しくなる．かつこれらの底面積 △BCD, △ACD, △ABD, △ABC
は合同で等積だから，O から各面へ至る距離が等しく，O は内心となる．

13. $\sqrt{S}=\sqrt{S_1}+\sqrt{S_2}$

14. 球の直径 AB 上の点を C とし，AB, AC, CB を直径とする球の体積を $V, V_1,$
V_2 とすると，$V^{\frac{1}{3}}=V_1^{\frac{1}{3}}+V_2^{\frac{1}{3}}$，また，表面積を S, S_1, S_2 とすると，$S^{\frac{1}{2}}=S_1^{\frac{1}{2}}$
$+S_2^{\frac{1}{2}}$．

15. 円 A，B の直径を，それぞれ，d_A, d_B とすると，$d_A+d_B \leqq 2AB \leqq d$（$d$ はもと
の円の直径）だから，$a+b \leqq l$．等号の成り立つのは，2 つの円の中心が同一
の直径上にあって，円 A，B ともとの円が 2 つずつ接しているときである．

4. 系　列

1. $\dfrac{b}{a}=\dfrac{a-b}{b}$ から $b^2+ab-a^2=0$, $b=\dfrac{1}{2}(-1+\sqrt{5})a$. つまり，

　$\dfrac{b}{a}=\dfrac{1}{2}(-1+\sqrt{5})$ のとき可能で，このことはどこまでも続く．AB を

$(a-b)/b=\dfrac{1}{2}(-1+\sqrt{5})$ の比に分けることを黄金分割といい，この比は美的
調和がよくとれていると，古来いわれている．

2. 正 n 角形の 1 つの角の大きさは，$\dfrac{n-2}{n}\pi$ だから，
はじめの正多角形の 1 辺 AB と，あとからできる正多
角形の 1 辺 A′B′ の長さの比は，

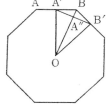

　AB : A′B′＝A′B : A′A″＝1 : $\sin\dfrac{n-2}{2n}\pi$

　$\sin\dfrac{n-2}{2n}\pi=\sin\left(\dfrac{\pi}{2}-\dfrac{\pi}{n}\right)=\cos\dfrac{\pi}{n}$ だから，この相似

比で次々と正 n 角形ができていく．したがって周は公比 $\cos\dfrac{\pi}{n}$ の等比数列，面

積は公比 $\cos^2\dfrac{\pi}{n}$ の等比数列となる．

3. 立方体→正八面体→立方体→正八面体→…と繰返す．直方体から出発しても
同じような繰返しになる．

4. (1) $a_1=1.3$, $a_2=\dfrac{1}{0.3}=\dfrac{10}{3}=3+\dfrac{1}{3}$, $a_3=\dfrac{1}{1/3}=3$

(2) $a_1 = \dfrac{35}{58}$, $a_2 = \dfrac{58}{35} = 1 + \dfrac{23}{35}$, $a_3 = \dfrac{35}{23} = 1 + \dfrac{12}{23}$, $a_4 = \dfrac{23}{12} = 1 + \dfrac{11}{12}$,

$a_5 = \dfrac{12}{11} = 1 + \dfrac{1}{11}$, $a_6 = 11$

5.

(1) $\sqrt{3} = 1 + \cfrac{1}{1 + \cfrac{1}{2 + \cfrac{1}{1 + \cfrac{1}{2 + \cdots}}}}$

次の計算による.

$a_1 = 1 + (\sqrt{3} - 1)$

$a_2 = \dfrac{1}{\sqrt{3} - 1} = \dfrac{\sqrt{3} + 1}{2} = 1 + \dfrac{\sqrt{3} - 1}{2}$

$a_3 = \dfrac{2}{\sqrt{3} - 1} = \sqrt{3} + 1 = 2 + (\sqrt{3} - 1)$

$a_4 = \dfrac{1}{\sqrt{3} - 1}$

近似分数は,

$c_1 = 1$, $c_2 = 1 + \dfrac{1}{1} = 2$,

$c_3 = 1 + \cfrac{1}{1 + \cfrac{1}{2}} = \dfrac{5}{3}$

$c_4 = 1 + \cfrac{1}{1 + \cfrac{1}{2 + 1}} = \dfrac{7}{4}$

(2) $\sqrt{5} = 2 + \cfrac{1}{4 + \cfrac{1}{4 + \cdots}}$

$a_1 = \sqrt{5} = 2 + (\sqrt{5} - 2)$

$a_2 = \dfrac{1}{\sqrt{5} - 2} = \sqrt{5} + 2$
$= 4 + (\sqrt{5} - 2)$

$a_3 = \dfrac{1}{\sqrt{5} - 2}$

近似分数は

$c_1 = 2$, $c_2 = 2 + \dfrac{1}{4} = \dfrac{9}{4}$

$c_3 = 2 + \cfrac{1}{4 + \cfrac{1}{4}} = \dfrac{38}{17}$

$c_4 = 2 + \cfrac{1}{4 + \cfrac{1}{4 + \cfrac{1}{4}}} = \dfrac{161}{72}$

6. この操作を n 回やると, 残った長さは,

$\left(1 - \dfrac{1}{2}\right)\left(1 - \dfrac{1}{3}\right) \cdots \left(1 - \dfrac{1}{n+1}\right) a = \dfrac{a}{n+1}$. $n \to \infty$ とすると極限は 0.

7. $b_n \sin \dfrac{\alpha}{2^n} = b_{n-1} a_n \sin \dfrac{\alpha}{2^n} = b_{n-1} \cdot \cos \dfrac{\alpha}{2^n} \sin \dfrac{\alpha}{2^n} = \dfrac{1}{2} b_{n-1} \sin \dfrac{\alpha}{2^{n-1}}$

これを繰返して, $b_n \sin \dfrac{\alpha}{2^n} = \dfrac{1}{2^{n-1}} b_1 \sin \dfrac{\alpha}{2} = \dfrac{1}{2^n} \sin \alpha$.

したがって, $\alpha \neq 0$ のとき $\displaystyle\lim_{n \to \infty} b_n = \lim_{n \to \infty} \dfrac{\sin \alpha}{\alpha} \cdot \dfrac{\alpha}{2^n} \Big/ \sin \dfrac{\alpha}{2^n} = \dfrac{\sin \alpha}{\alpha}$

(ここで, 公式 $\displaystyle\lim_{\theta \to 0} \dfrac{\sin \theta}{\theta} = 1$ を使っている) $\alpha = 0$ ならば, $\displaystyle\lim_{n \to \infty} b_n = 1$

8. $x_n = \dfrac{2}{3} + \dfrac{1}{3}\left(-\dfrac{1}{2}\right)^{n-1}$

9. (1) $a = 1$ とすれば $f_n(x) = x + nb$, これが x になるのは $b = 0$ のとき,

$a \neq 1$ とすれば, $f_n(x) = a^n x + \dfrac{a^n - 1}{a - 1} b$. これが x になるのは, $a^n = 1$ の

とき, したがって, n が偶数のときに限って考えられ, $a = -1$

つまり，$f_1(x)=x$，または，n が偶数で $f_1(x)=-x+b$ の場合となる．

(2) $f_1(x)=x$，$f_1(x)=ax+b$ （a は 1 の n 乗根で，1 でないもの）

10. $k=1-\dfrac{2p}{1000+p}$ とおくと，n 回の繰返しで A の中の食塩水は

$\dfrac{a+b}{2}+\dfrac{a-b}{2}k^n$ ％となる．k 回の繰返しで x_k ％になったとすると，

$l=\dfrac{10p(a+b)}{1000+p}$ とおくことによって，$x_{k+1}=kx_k+l$ となっている．

各操作で，各桶の中の食塩の量を考えてこの式を導け．

11. $\angle A_2=\pi-\angle A_2 B_1 C_1-\angle A_2 C_1 B_1=\pi-\dfrac{1}{2}(\pi-\angle B_1)-\dfrac{1}{2}(\pi-\angle C_1)$

$=\dfrac{1}{2}(\angle B_1+\angle C_1)$ から，$\angle A_2=\dfrac{\pi}{2}-\dfrac{1}{2}\angle A$，となる．このことから，

$\angle A_n=\dfrac{\pi}{3}+\left(-\dfrac{1}{2}\right)^{n-1}\left(\angle A_1-\dfrac{\pi}{3}\right)$

12. $a_2=2\cdot 10^{\frac{1}{2}}$，$a_3=2a_2^{\frac{1}{2}}=2\cdot 2^{\frac{1}{2}}\cdot 10^{\frac{1}{4}}$，$\cdots$ となって，$a_n=2^k\cdot 10^l$ （$k=2-2^{-(n-2)}$，$l=2^{-(n-1)}$）$\displaystyle\lim_{n\to\infty}a_n=4$

13. $x=\dfrac{1}{x+1}$ から $x=\dfrac{1}{2}(-1\pm\sqrt{5})$，$\alpha=\dfrac{1}{2}(-1+\sqrt{5})$，$\beta=\dfrac{1}{2}(-1-\sqrt{5})$ とお

く と，$\dfrac{x_{n+1}-\alpha}{x_{n+1}-\beta}=\dfrac{\beta+1}{\alpha+1}\dfrac{x_n-\alpha}{x_n-\beta}=\dfrac{\alpha}{\beta}\dfrac{x_n-\alpha}{x_n-\beta}$ から $\dfrac{x_k-\alpha}{x_k-\beta}=\left(\dfrac{\alpha}{\beta}\right)^{k-1}\dfrac{1-\alpha}{1-\beta}$

$=\left(\dfrac{\alpha}{\beta}\right)^{k+1}$ $x_k=-\dfrac{\alpha^k-\beta^k}{\alpha^{k+1}-\beta^{k+1}}$ $\displaystyle\lim_{k\to\infty}x^k=\lim_{k\to\infty}\dfrac{-(\alpha\beta^{-1})^k+1}{\alpha(\alpha\beta^{-1})^k-\beta}=-\dfrac{1}{\beta}=\alpha$

14. (1) $2+2+3+\cdots+n=\dfrac{1}{2}n(n+1)+1$　問 8 にならって考えよ．

(2) k 個の平面で空間が $f(k)$ 個に分れたとす
る（$k=1,2,\cdots$）．$f(1)=2$．すでに $k-1$ 個
の平面があったとし，k 番目の平面を問題の
条件に合うように作る．この平面を E とする
と，E はすでにある $k-1$ 個の 平面との交線
によって分割され，その領域の数は (1) によ
って $\dfrac{1}{2}(k-1)k+1$ である．ここで，3 平面

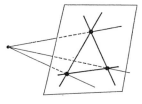

が 1 点で 交わる ——交線が $k-1$ 個あって どれも交わる，　4 平面が 1 点で
交わることはない ——3 交線が 1 点で交わることはない　となっている．こ
のことから，$f(k)=f(k-1)+\dfrac{1}{2}(k-1)k+1$．これと $f(1)=2$ から，

$f(n)=f(n-1)+\dfrac{1}{2}(n-1)n+1$

$=f(n-2)+\dfrac{1}{2}(n-2)(n-1)+1+\dfrac{1}{2}(n-1)n+1$

$=\cdots=f(1)+\left(\dfrac{1}{2}\cdot 1\cdot 2+1\right)+\left(\dfrac{1}{2}\cdot 2\cdot 3+1\right)+\cdots+\left(\dfrac{1}{2}(n-1)n+1\right)$

$$=2+(n-1)+\frac{1}{2}(1\cdot2+2\cdot3+\cdots+(n-1)n)$$

$$=n+1+\frac{1}{6}(n-1)n(n+1)=\frac{1}{6}(n+1)(n^2-n+6)$$

15. (1) 第2行へ入れる数は，$2,3,\cdots,n$ の中の1つで，それは $n-1$ 通り.

(2) 求める数を $f(n)$ とすると，$n\geqq5$ のとき，
1行目の終りへ入れる数が n の場合（$f(n-1)$
通り）と，2行目の終りへ n を入れる場合（(1)
により $n-2$ 通り）とを考えて，$f(n)=f(n-1)$
$+(n-2)$，そして，$f(4)=2$ であることから，

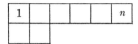

$$f(n)=f(4)+3+4+\cdots+(n-2)=1+2+3$$
$$+\cdots+(n-2)-1\ \text{となって,}$$

$$f(n)=\frac{1}{2}(n-1)(n-2)-1=\frac{1}{2}n(n-3)$$

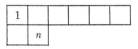

$$(n\geqq4)$$

(3) 求める数を $g(n)$ とすると，$n\geqq7$ のとき (2) の場合と同じように考えて，
$$g(n)=g(n-1)+f(n-1)$$

そして，$g(6)=f(5)=6$，(2) によると $f(n)=\frac{1}{2}(n-1)(n-2)-1$
であることから，

$$g(n)=g(6)+f(6)+f(7)+\cdots+f(n-1)$$
$$=f(5)+f(6)+\cdots+f(n-1)$$
$$=\frac{1}{2}(3\cdot4+4\cdot5+\cdots+(n-2)(n-3))-(n-5)$$
$$=\frac{1}{2}(1\cdot2+2\cdot3+\cdots+(n-3)(n-2))-\frac{1}{2}(1\cdot2+2\cdot3)-(n-5)$$
$$=\frac{1}{6}(n-3)(n-2)(n-1)-4-n+5$$
$$=\frac{1}{6}n(n-1)(n-5)\qquad(n\geqq6)$$

16. (1) 物体の方の皿へ 3^2g と 1g，反対の皿へ 3^3g

(2) 物体の方の皿へ 3^3g と 3g，反対の皿へ 3^4g と 1g

(3) 物体の方の皿へ 3^4g, 3^3g, 3^2g，反対の皿へ 3^5g, 3g, 1g

20. (1) $\frac{k^3}{3}+\frac{k^2}{2}+\frac{k}{6}=K$（自然数）から，

$$\frac{(k+1)^3}{3}+\frac{(k+1)^2}{2}+\frac{k+1}{6}=K+k^2+2k+1$$

21. 問12 にならってやる.

22. $\cos kx$, $\dfrac{\sin kx}{\sin x}$ がともに $\cos x$ の整式であることから，$\cos(k+1)x$,

$\dfrac{\sin(k+1)x}{\sin x}$ もそうであることを導け.

5.　写像としての1次関数

1. x_2, y_2 一定, x_1, y_1 を変数にとれ.
2. $y = x + a$ （a は定数）
3. すべて同一円周上にある. 3点を固定して考えよ.
4. (1) a, b が有理数のとき,　　　(2) $a = \pm 1$ のとき,　　　(3) $a = 1$ のとき
5. $z' = az$, $z'' - 1 = b(z' - 1)$ （$a = \cos\alpha + i\sin\alpha$, $b = \cos\beta + i\sin\beta$）から,
   $z'' = abz + (1 - b)$, $ab \neq 1$ （つまり $\alpha + \beta \neq 2\pi$ の整数倍）のときは,
   不動点 $(1 - b)/(1 - ab)$ のまわりの角 $\alpha + \beta$ の回転, $ab = 1$ のときは平行移動.
6. AB を $2 : 3$ の比に内分する点が中心.

6.　1 次 変 換

1. $x' = (1 - a)x + ay$, $y' = ax + (1 - a)y$. これを f_a とする.
   逆変換は, $x' = \dfrac{1 - a}{1 - 2a}x - \dfrac{a}{1 - 2a}y$, $y' = -\dfrac{a}{1 - 2a}x + \dfrac{1 - a}{1 - 2a}y$
   $f_b \circ f_a = f_c$ とすると, $c = a + b - 2ab$.
   これは $1 - 2c = (1 - 2a)(1 - 2b)$ となる.

2. $x_{n+1} + y_{n+1} = x_n + y_n = \cdots = x_1 + y_1$, $x_{n+1} - y_{n+1} = \dfrac{1}{3}(x_n - y_n) = \cdots$
   $\cdots = \left(\dfrac{1}{3}\right)^n (x_1 - y_1)$. この2式から, $x_k = \dfrac{1}{2}\left((x_1 + y_1) + \left(\dfrac{1}{3}\right)^{k-1}(x_1 - y_1)\right)$,
   $y_k = \dfrac{1}{2}\left((x_1 + y_1) - \left(\dfrac{1}{3}\right)^{k-1}(x_1 - y_1)\right)$, $\displaystyle\lim_{k\to\infty} x_k = \lim_{k\to\infty} y_k = \dfrac{1}{2}(x_1 + y_1)$

3. (1) $(0,0)$, (a,a), $(-b,b)$, $(a-b,a+b)$ を頂点とする長方形へ移る. 面積は2倍になる.　(2) $(0,0)$, $(2a,a)$, $(b,3b)$, $(2a+b,a+3b)$ を頂点とする平行四辺形へ移る.

4. $x' = \dfrac{1}{\sqrt{2}}(x - y)$, $y' = \dfrac{1}{\sqrt{2}}(x + y)$.　x, y について解いて, $x = \dfrac{1}{\sqrt{2}}(x' + y')$,
   $y = \dfrac{1}{\sqrt{2}}(y' - x')$. これを $x^2 + xy + y^2 = 1$ に代入して, $x'^2 + 3y'^2 = 2$

5. $x' = \dfrac{1}{2}(x - \sqrt{3}\,y)$, $y' = \dfrac{1}{2}(\sqrt{3}\,x + y)$

6. 固有値 λ, 固有ベクトル (x, y) とする.
   (1) $\lambda = 1$, $(x, y) = (1, -1)$,　　$\lambda = 4$, $(x, y) = (1, 2)$
   (2) $\lambda = 3$, $(x, y) = (2, 1)$,　　$\lambda = 8$, $(x, y) = (-1, 2)$

7.　2次以上の関数

1. $f(x) = \dfrac{1}{2h^2}\big(A(x-h)(x-2h) - 2Bx(x-2h) + Cx(x-h)\big)$

2. 両辺とも高々2次で, $x = a, b, c$ で等しい.
3. $f(a) = A$, $f(b) = B$, $f(c) = C$, $f(d) = D$ とすると,

$$f(x) = A\frac{(x-b)(x-c)(x-d)}{(a-b)(a-c)(a-d)} + B\frac{(x-a)(x-c)(x-d)}{(b-a)(b-c)(b-d)}$$
$$+ C\frac{(x-a)(x-b)(x-d)}{(c-a)(c-b)(c-d)} + D\frac{(x-a)(x-b)(x-c)}{(d-a)(d-b)(d-c)}$$

4. 接点を2つの点に数えると，問2と同じ考えで，$2x_1 + x_2 = -\dfrac{b}{a}$ となり，

   $x_2 = -2x_1 - \dfrac{b}{a}$

5. $y = x^3 - (a+b+c)x^2 + \cdots$，したがって問2によると，そのグラフと1つの直線との3つの交点の x 座標 x_1, x_2, x_3 について，$x_1 + x_2 + x_3 = a + b + c$．したがって，$x_1 = a$，$x_2 = x_3$ とすれば，この直線は接線で，$x_2 = x_3 = \dfrac{b+c}{2}$

6. 与えられた関数を $f(x)$ とおく．
   (1) $f'(x) = 2(x-1)(2x^2 + 2x + 3)$，$\quad f''(x) = 12x^2 + 2$
   (2) $f'(x) = \dfrac{1}{4}(4x^3 - 12x + 9)$，$\quad f''(x) = 3(x-1)(x+1)$
   (3) $f'(x) = \dfrac{1}{4}(x-1)(x-2)(x+3)$，$f''(x) = \dfrac{1}{4}(3x^2 - 7)$

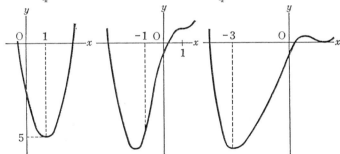

7. (1) 8 $\quad$ (2) $\dfrac{1}{6}(b-a)^3$

8. 求める面積を S とし，$(a-p)x^2 + (b-q)x + (c-r) = 0$ の2つの解を α, β とすると，前問(2)によって，

   $$S = \frac{|a-p|}{6}|\beta - \alpha|^3 = \frac{((b-q)^2 - 4(a-p)(c-r))^{\frac{3}{2}}}{6(a-p)^2}$$

9. $\displaystyle\int_a^b f(x)\,dx = \frac{b-a}{6}\left(f(a) + f(b) + 4f\left(\frac{a+b}{2}\right)\right)$ の両辺を b で微分して，

   $$f(b) = \frac{1}{6}\left(f(a) + f(b) + 4f\left(\frac{a+b}{2}\right)\right) + \frac{b-a}{6}\left(f'(b) + 2f'\left(\frac{a+b}{2}\right)\right)$$

   この両辺を a で微分して，6倍すると，

   $$f'(a) - f'(b) - (b-a)f''\left(\frac{a+b}{2}\right) = 0$$

   さらに a で微分して，$\quad f''(a) - f''\left(\frac{a+b}{2}\right) - \dfrac{b-a}{2}f'''\left(\frac{a+b}{2}\right) = 0$

$b=-a$ とおくと，　　　　　$f''(a)=f''(0)-af'''(0)$

$a=x$ とおいて，　　　　　$f''(x)=f''(0)-xf'''(0)=x$ の高々1次の式

したがって，$f(x)$ は x について高々3次の式である．

8. 分　数　関　数

1. $y=\dfrac{500+15x}{100+x}=15-\dfrac{1000}{100+x}$

2. この比の値を y とする．　$y=\dfrac{x-a}{b-x}=\dfrac{a-b}{x-b}-1$

3. 関数を $f(x)$ とおく

(1) $f(x)=x+2+\dfrac{4}{x-1}$　　　　(2) $f(x)=x+3-\dfrac{3}{x+1}$

　　$f'(x)=\dfrac{(x+1)(x-3)}{(x-1)^2}$　　　　　$f'(x)=1+\dfrac{3}{(x+1)^2}$

　　グラフは省略する．

4. 関数を $f(x)$ とする．

(1) $f'(x)=\dfrac{-(x^2-4x-1)}{(x^2+1)^2}$　　(2) $f'(x)=\dfrac{-2(x+1)(x+4)}{(x^2-4)^2}$

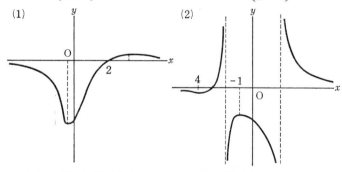

5. $\mathrm{AB}=a$ とし，CD を数直線とみて $\mathrm{D,C,P}$ の座標を，それぞれ，$0,a,x$ とすると，　$k=\left(\dfrac{\mathrm{PA}}{\mathrm{PB}}\right)^2=\dfrac{x^2+a^2}{(x-a)^2+a^2}$

これを x で微分すると，　$\dfrac{-2a(x^2-ax-a^2)}{((x-a)^2+a^2)^2}$

k が最大になるのは，$x=\dfrac{a}{2}(1+\sqrt{5})$ のところで，$\dfrac{\mathrm{PA}}{\mathrm{PB}}=\dfrac{1+\sqrt{5}}{2}$

6. (1) $\dfrac{x'-1}{x'+1}=-\dfrac{1}{3}\dfrac{x-1}{x+1}$

(2) $\dfrac{x'-\alpha}{x'-\beta}=\dfrac{\alpha}{\beta}\dfrac{x-\alpha}{x-\beta}$　　$\left(\alpha,\beta=\dfrac{1}{2}(1\pm\sqrt{5})\right)$

(3) $\dfrac{1}{x'-2}=\dfrac{1}{x-2}-\dfrac{1}{3}$

7. 右の表のようになる.

8. $\dfrac{a_{n+1}-1}{a_{n+1}+1}=\left(\dfrac{a_n-1}{a_n+1}\right)^2$ から

$\dfrac{a_n-1}{a_n+1}=\left(\dfrac{a_1-1}{a_1+1}\right)^k$ $(k=2^{n-1})$

これから, $a_n=\dfrac{(a_1+1)^k+(a_1-1)^k}{(a_1+1)^k-(a_1-1)^k}$

$l=\lim\limits_{n\to\infty}a_n$ とおくと, $a_1>0$ のとき

$l=1$, $a_1<0$ のとき $l=-1$

$\begin{array}{c} f_j \\ \vdots \\ f_i\cdots f_i\circ f_j \end{array}$ のように示す.

	f_1	f_2	f_3	f_4	f_5	f_6
f_1	f_1	f_2	f_3	f_4	f_5	f_6
f_2	f_2	f_3	f_1	f_6	f_4	f_5
f_3	f_3	f_1	f_2	f_5	f_6	f_4
f_4	f_4	f_5	f_6	f_1	f_2	f_3
f_5	f_5	f_6	f_4	f_3	f_1	f_2
f_6	f_6	f_4	f_5	f_2	f_3	f_1

9. 面 積 と 体 積

1. 点 $\left(p,\dfrac{1}{p}\right)$ での接線の方程式は, $y=-\dfrac{1}{p^2}x+\dfrac{2}{p}$. これと $y=\dfrac{k}{x}$ との交点の x 座標を α,β とすると, $\alpha,\beta=(1\pm\sqrt{1-k})p$. 求める面積は

$2\sqrt{1-k}-k\log\dfrac{1+\sqrt{1-k}}{1-\sqrt{1-k}}$ 2つの交点の中点が, 接点である.

2. まず, $x^2=py$, $y^2=rx$ の囲む面積が $\dfrac{1}{3}pr$ であることを計算で求めよ.

求める面積 $S=\dfrac{1}{3}pr-\dfrac{1}{3}ps-\dfrac{1}{3}qr+\dfrac{1}{3}qs=\dfrac{1}{3}(p-q)(r-s)$

3. $\dfrac{1}{6}$. 解説の中で示した $q=0$ の場合である.

4. $y=\dfrac{1}{|x|}$ と $y=a+bx^2$ が接する条件は, $a+bx^2=\pm\dfrac{1}{x}$, $2bx=\mp\dfrac{1}{x^2}$ から

$ax=\pm\dfrac{3}{2}$, $bx^3=-\dfrac{1}{2}$ となって, $b=-\dfrac{4}{27}a^3$. つまり, 放物線は

$y=a-\dfrac{4}{27}a^3x^2$. これと x 軸の間の面積は, $\sqrt{3}$

5. $\dfrac{2}{3}a^3$. 問 4 の $\dfrac{1}{8}$ に当る.

6. $\dfrac{3}{16}a^3\sin\alpha$. 問 4 と同じように切ると, 切り口は菱形で面積は

$4(a^2-x^2)\sin\alpha$

7. 直円柱で, 体積は πa^2h. 問 5 の体積はその半分.

8. 求める体積 $=\displaystyle\int_0^\pi(\sqrt{2}\,y)^2dx=\int_0^\pi 2y^2dx=\int_0^\pi 2\sin^2 x\,dx=\int_0^\pi(1-\cos 2x)dx=\pi$

9. この 2 つの線の交点は, $\left(\pm\dfrac{1}{\sqrt{a}},\dfrac{1}{a}\right)$. $y=a+(1-a^2)x^2$ から $x^2=\dfrac{y-a}{1-a^2}$

で, 求める体積は, $\pi\displaystyle\int_0^{\frac{1}{a}}\dfrac{y-a}{1-a^2}dy-\pi\int_a^{\frac{1}{a}}y\,dy=\dfrac{\pi}{2}$

10. $y=a-bx^2$ が $y=\dfrac{1}{x^2}$ に接するための条件は $b=\dfrac{a^2}{4}$. 求める体積は 2π

11. 1辺の長さ a の立方体 OAGB–CEDF について O を原点，OA, OB, OC が，それぞれ，x軸，y軸,z軸になるように座標軸をとる．辺 AE 上の点 P$(a,0,p)$ から対角線 OD へ下した垂線の足を Q(q,q,q) とすると，$\overrightarrow{\mathrm{PQ}}=(q-a,q,q-p)$ が $\overrightarrow{\mathrm{OD}}=(a,a,a)$ に垂直であることから，$a(q-a)+aq+a(q-p)=0$ となって，$q=\dfrac{a+p}{3}$. ゆえに，

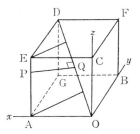

$$\mathrm{PQ}^2=(a-q)^2+q^2+(p-q)^2=\frac{2}{3}(a^2+p^2-ap).$$

$p=0,\ p=a$ のとき，$\mathrm{PQ}^2=\dfrac{2}{3}a^2$ また，$\mathrm{OQ}=h$ とおくと，$h=\sqrt{3}\,q=\dfrac{a+p}{\sqrt{3}}$

　求める体積Vは，2つの直円錐と回転双曲面の内部に分けて考える．直円錐の底面の半径の2乗は，PQ^2 で $p=0,a$ とおいて，$\dfrac{2}{3}a^2$，高さは

$$\sqrt{a^2-\frac{2}{3}a^2}=\frac{1}{\sqrt{3}}a.\quad \text{したがって，}$$

$$V=2\times\frac{1}{3}\pi\left(\frac{2}{3}a^2\right)\frac{1}{\sqrt{3}}a+\pi\int \mathrm{PQ}^2 dh=\frac{4\pi}{9\sqrt{3}}a^3+\pi\int_0^a\frac{2}{3}(a^2+p^2-ap)\frac{dp}{\sqrt{3}}$$

これから，　　$V=\dfrac{1}{\sqrt{3}}\pi a^3$

10.　指数関数と対数関数

2. 逆は，次のようになる．与えられた関数方程式は，

$$\frac{1+f(x+y)}{1-f(x+y)}=\frac{1+f(x)}{1-f(x)}\cdot\frac{1+f(y)}{1-f(y)}$$

と変形される．$1-f(x)=0$ となることがないときは，一般に，

$$g(x)=\frac{1+f(x)}{1-f(x)}\ \text{とおくとき，}\quad g(x+y)=g(x)g(y)$$

となって，問1により

（i）$g(x)=0$, このときは $f(x)=-1$

（ii）$g(x)=c^x$, このときは，$c=a^2$ とおくと，$f(x)=\dfrac{a^x-a^{-x}}{a^x+a^{-x}}$

また，$1-f(x_1)=0$ となる x_1 があれば，(1) の逆数の式から，$1-f(x+x_1)=0$ となって，

（iii）$f(x)=1$

3. $x=e^u,\ y=e^v,\ f(e^u)=g(u)$ とおくと，与えられた式は，$g(u+v)=g(u)+g(v)$ となり，$g(u)=cu$, したがって $f(x)=c\log x$

4. $f(xy)=f(x)f(y)$ で $x=y$ とおくと，$f(x^2)=f(x)^2\geqq0$, $f(x_1)=0$ とすれば $f(xx_1)=0$ となって，つねに $f(x)=0$. それ以外の場合は，つねに $f(x)\neq0$ で，したがって $f(x)>0$. 与えられた式は $\log f(xy)=\log f(x)+\log f(y)$ となり，$\log f(x)=c\log x$. したがって，$f(x)=x^c$.

5. 時刻が t から $t+\Delta t$ へ移る間に，不純物が $x(l)$ から $x+\Delta x(l)$ に変わると
すると，$c\Delta t(l)$ が溢れるのだから，その中の不純物 Δx については，

$$-\Delta x=\frac{c\Delta t}{V+c\Delta t}x,\ \text{これから}\ \frac{dx}{dt}=-\frac{c}{V}x$$

$t=0$ のとき $x=v$ だから， $\qquad x=ve^{-\frac{c}{V}t}$.

6. 問 4 にならってやる．解は，$0<a<\dfrac{1}{e}$ のとき 2 つ， $a=\dfrac{1}{e}$ のとき 1 つ，

　$a>\dfrac{1}{e}$ のときなし．

7. 問 4 の解 1 または解 2 の方法でやる．解の個数は，
　$a>0$ のとき，$b>a(1-\log a)$ ならば 2 つ．$b=a(1-\log a)$ ならば 1 つ．
　　　　　　　$b<a(1-\log a)$ ならばなし．
　$a=0$ のとき，$b>0$ ならば 1 つ，$b\leqq0$ ならばなし．
　$a<0$ のとき，1 つ．

8. 正であって 2 より大きいものとして 4，負の方に
　1 つある．

9. $a\log a=b\log b$ として関数 $f(x)=x\log x$
の増減をしらべる．$f'(x)=\log x+1=0$ から $x=e^{-1}$
　$a\geqq1$ または $b\geqq1$ なら $a=b$
　$a\geqq e^{-1}$, $b\geqq e^{-1}$ なら $a=b$
　$a\leqq e^{-1}$, $b\leqq e^{-1}$ なら $a=b$

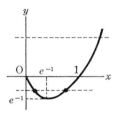

11. 三 角 関 数

1. (1) $\sqrt{2}\sin\left(x+\dfrac{\pi}{4}\right)$ となって正弦曲線　(2) $\dfrac{1}{2}(1+\cos2x)$ となって正弦曲

線．(3) $\dfrac{1}{4}(3\sin x-\sin3x)$ となって正弦曲線ではない．

2. 関数を $f(x)$ とおく．
(1) $f'(x)=\cos x+\cos3x$ 　　　　　(2) $f'(x)=\cos x+\cos3x+\cos5x$
　　　　$=2\cos x\ \cos2x$ 　　　　　　　　　$=\cos3x(2\cos2x+1)$

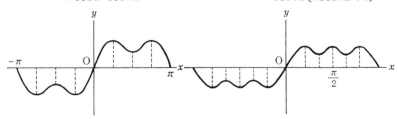

3. $\tan x$ は 0 という値をとるところが 無数にあるが， 分数関数ではそうはなら
ない．

4. (1) $\sqrt{2}\,e^{i\frac{\pi}{4}}$ 　　(2) $e^{i\frac{\pi}{2}}$ 　　(3) $2e^{i\pi}$ 　　(4) $2e^{-i\frac{\pi}{6}}$

5. (1) $e^{i\alpha}+e^{i\beta}=2(e^{i\frac{\alpha-\beta}{2}}+e^{i\frac{\alpha-\beta}{2}})e^{i\frac{\alpha+\beta}{2}}=2\cos\frac{\alpha-\beta}{2}e^{i\frac{\alpha+\beta}{2}}$

   (2) $8\cos\frac{\alpha-\beta}{2}\cos\frac{\beta-\gamma}{2}\cos\frac{\gamma-\alpha}{2}$

7. $C+iS=\int e^{ax}e^{ibx}dx=\int e^{(a+ib)x}dx=\dfrac{e^{(a+bi)x}}{a+bi}=\dfrac{(a-bi)e^{(a+bi)x}}{a^2+b^2}$

   これから， $C=\dfrac{e^{ax}}{a^2+b^2}(a\cos bx+b\sin bx),\quad S=\dfrac{e^{ax}}{a^2+b^2}(a\sin bx-b\cos bx)$

12. 不 等 式

1. $(1-a)(1-b)>1-(a+b)$ の両辺に $1-c$ を掛ける．
   n個の $a_1,\cdots,a_n$ が 0 と 1 の間のとき，
   $$(1-a_1)(1-a_2)\cdots(1-a_n)>1-(a_1+a_2+\cdots+a_n)$$

2. $\dfrac{b}{a}+\dfrac{c}{b}+\dfrac{a}{c}\geqq 3\left(\dfrac{b}{a}\dfrac{c}{b}\dfrac{a}{c}\right)^{\frac{1}{3}}=3$. 等号の成り立つのは $\dfrac{b}{a}=\dfrac{c}{b}=\dfrac{a}{c}$ のときであるが，a,b,c は正だから，$a=b=c$

3. 3辺の長さが x,y,z であると，表面積 $S=2(xy+yz+zx)$. 体積を V とすると，$xy+yz+zx\geqq 3(xy\cdot yz\cdot zx)^{\frac{1}{3}}=3(xyz)^{\frac{2}{3}}$ から，$\left(\dfrac{S}{6}\right)^{\frac{3}{2}}\geqq V$ 等号の成り立つのは，$xy=yz=zx$. つまり $x=y=z$ のときで，立方体の場合である．

4. $a_1+\cdots+a_n\geqq n(a_1\cdots a_n)^{\frac{1}{n}}$, $\dfrac{1}{a_1}+\cdots+\dfrac{1}{a_n}\geqq n\left(\dfrac{1}{a_1}\cdots\dfrac{1}{a_n}\right)^{\frac{1}{n}}$. この2式を掛ける．

5. 問5にならってやる．

7. $n^{n+1}>(n+1)^n$ を証明すればよい．$n=3$ のときは正しい．$n=k-1$ のとき正しいとすると，$(k-1)^k>k^{k-1}$. 両辺に $(k+1)^k$ を掛けて，$(k^2-1)^k>k^{k-1}(k+1)^k$. したがって，$k^{2k}>k^{k-1}(k+1)^k$. k^{k-1} で約して，$k^{k+1}>(k+1)^k$.

8. $f(x)=(1-x)^n-(1-nx)$ の増減をしらべよ．

9. 問7にならってやる．

10. $f(x)=\sin x-\dfrac{2}{\pi}x$ とおくと，$f'(x)=\cos x-\dfrac{2}{\pi}$. $\cos x=\dfrac{2}{\pi}\left(0<x<\dfrac{\pi}{2}\right)$ である x を α とすると，$0<x<\alpha$ で $f'(x)>0$，$\alpha<x<\dfrac{\pi}{2}$ で $f'(x)>0$.
    $f(0)=0$, $f\left(\dfrac{\pi}{2}\right)=0$ から，$0<x<\dfrac{\pi}{2}$ で $f(x)>0$.

11. 周は $2na\sin\dfrac{\pi}{n}$. $x=\dfrac{\pi}{n}$ とおくと，$2\pi a\dfrac{\sin x}{x}$ となる．

12. 外接正 n 角形の面積は，$na^2\tan\dfrac{\pi}{n}$. $x=\dfrac{\pi}{n}$ とおくと，$\pi a^2\dfrac{\tan x}{x}$.
    $$\left(\dfrac{\tan x}{x}\right)'=\dfrac{x\sec^2 x-\tan x}{x^2}=\dfrac{x-\sin x\cos x}{x^2\cos^2 x}=\dfrac{2x-\sin 2x}{2x^2\cos^2 x}>0$$
    したがって，n がますと x は減り，外接正 n 角形の面積は増していく．

13. $y=\sqrt{x}$ を考え，問9にならってやる．

14. (1) は，両辺を平方すると問10に帰着する．　(2) は定積分の定義と (1) とから導かれる．

著者紹介：

栗田 稔 （くりた・みのる）

昭和 12 年　東京大学理学部数学科卒

昭和 24 年　名古屋大学教養部教授

　　　　　　元名古屋大学工学部教授・理学博士

主要著書　微分積分学（学術図書），リーマン幾何（至文堂），いろいろ
　　　　　な曲線（共立出版），現代幾何学（筑摩書房），複素数と複素関
　　　　　数（現代数学社），線形数学序説（現代数学社）他

大道を行く数学（中等編）　――徹底演習による解法体得から創作へ――

2023 年 5 月 21 日　初版第 1 刷発行

著　　者　　栗田　稔

発 行 者　　富田　淳

発 行 所　　株式会社　現代数学社

　　　　　　〒 606–8425 京都市左京区鹿ヶ谷西寺ノ前町 1

　　　　　　TEL 075 (751) 0727　FAX 075 (744) 0906

　　　　　　https://www.gensu.co.jp/

装　　幀　　中西真一（株式会社 CANVAS）

印刷・製本　　　亜細亜印刷株式会社

ISBN 978-4-7687-0607-7　　　　　　　　　　2023 Printed in Japan